Chemie
im Kontext

Sekundarstufe I

Die Chemie ersetzt den Vorkoster

Autor

Dr. Manfred Kuballa

Herausgeber

Prof. Dr. Reinhard Demuth

Prof. Dr. Ilka Parchmann

Prof. Dr. Bernd Ralle

unter beratender Mitarbeit von

Detlef Rebentisch, Silvia Schmidt

Inhalt

Was sind Vorkoster und gibt es sie noch heute? 4

Cola – ein Kultgetränk 6

Cola – näher untersucht 8
- Cola schmeckt süß … aber auch sauer! 10
- Der Kohlensäure auf der Spur 12
- Cola ist ein Stoffgemisch 14
- Jeder Reinstoff hat einen Steckbrief 16
- Stoffgemische und ihre Trennung 18
- Die Dosis macht's 22

Stoffe werden unsichtbar 24

Atome – gibt es sie wirklich? 26
- Bausteine in Bewegung 28

Fazit 30
- Teste dich 31
- Weitergedacht 32

Anhang 36
- Sicher experimentieren und gut protokollieren 36
- Ein kleiner Laborführerschein 38
- Wohin mit den Resten? 40
- Gefahrensymbole, R- und S-Sätze 42
- Liste der verwendeten Gefahrstoffe 44
- Glossar 44
- Musterlösungen zu „Teste dich" 46
- Register 47
- Bildnachweis 48

Was sind Vorkoster und gibt es sie noch heute?

Ein gefährlicher Job! Bereits im Altertum gab es am Hof von Herrschern Vorkoster. Sie waren meist Sklaven und sollten verhindern, dass ihr Herr oder ihre Herrin beim Essen oder Trinken vergiftet wurden. Der Grund: Die Ermordung von Gegnern oder Konkurrenten durch Gift war damals eine häufige und weitverbreitete Sitte.

Zur Vermeidung eines derartigen gewaltsamen Todes musste daher der jeweilige Herrscher seinem Vorkoster unbedingt vertrauen können. Der wiederum musste in der Lage sein, vergiftete Nahrung zu erkennen, ohne selbst dabei umzukommen.

1 Der Blaue Eisenhut (Aconitum napellus) wächst in den Alpen und in den Mittelgebirgen. Er enthält den Wirkstoff Aconitin, dessen starke Giftwirkung bereits im Altertum bekannt war.

Noch heute werden US-Präsidenten im Ausland immer von einem Biochemiker begleitet. Dieser untersucht Lebensmittel, die für den Präsidenten vorbereitet wurden, auf mögliche Giftstoffe. Dazu macht er aber keine Geschmacksprobe mehr, sondern verwendet moderne chemische Apparate wie z. B. einen Gaschromatographen.

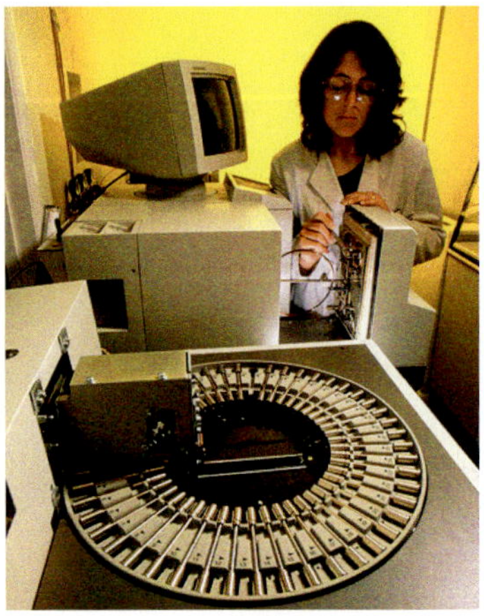

4 Mit einem Gaschromatographen lassen sich kleinste Mengen eines gesuchten Stoffs nachweisen.

Info

Muscheln, die für den menschlichen Verzehr vorgesehen sind, können gefährliche Giftstoffe enthalten. Ab 1991 wurden nach einer Vorschrift der EU Mäuse als „Vorkoster" eingesetzt. Bei giftigen Muscheln erlitten sie einen qualvollen Tod. Seit 2008 werden für diese Überprüfung moderne chemische Verfahren eingesetzt.

Historisches

Die italienische **Prinzessin Bona Sforza** (1494 – 1557) war die zweite Frau des polnischen Königs Zygmunt des Alten. Aus ihrer italienischen Heimat brachte sie die „Kunst des Giftmords" mit. Man sagt ihr nach, dass sie auf diese Weise die Erben mehrerer polnischer Adelsfamilien umbringen ließ, um deren Fürstentümer dem polnischen Königreich einzugliedern. Nach dem Tod des Königs kehrte sie nach Italien zurück – und wurde im Jahr 1557 selbst Opfer eines Giftmords. Hätte sie einen Vorkoster gehabt …

5 Die Vergiftung der Königin Bona, Gemälde von Jan Matejko (1838 – 1893)

2 *Man muss nicht gleich an Gift denken! Das heutige „normale“ Vorkosten dient dazu, die Qualität von Speisen und Getränken zu überprüfen, damit sie dem Verbraucher möglichst gut schmecken.*

3 *Im Sommer 1985 wurden Container zur Entsorgung von gepanschtem Wein aufgestellt.*

***Bonn, 10.07.1985.** Das Bundesgesundheitsministerium hat gestern eine Warnung vor österreichischen Weinen veröffentlicht. Proben hatten ergeben, dass zahlreiche Weine mit dem Frostschutzmittel „Glykol“ versetzt sind, um sie süßer und „lieblicher“ zu machen. Die gefundenen Mengen der süß schmeckenden Substanz Diethylenglykol können eine Gefahr für die Gesundheit darstellen. Ermittlungen gegen mehrere Winzer laufen bereits.*

Der Geschmack des einen Stoffs kann den eines anderen Stoffs überdecken. Ein Beispiel ist der gepanschte Wein: Hier sollte der saure Geschmack des billigen Weins durch die Zugabe von süß schmeckendem Glykol überdeckt werden.

Viele Lebensmittel enthalten Zusatzstoffe. Ob in Getränken, Wurst, Dosengemüse, Fertigsalaten oder Marmeladen: Auf dem **Etikett** ist bei den Zutaten neben dem eigentlichen Produkt oft eine lange Reihe von zusätzlichen Stoffen abgedruckt. Warum werden diese Stoffe zugefügt? Sind sie überhaupt nötig? Wenn ja, welche und welche nicht? Manche davon kennst du vermutlich nicht einmal. Wozu diese Stoffe enthalten sind, sollst du an Beispielen kennenlernen und im Experiment selbst überprüfen.

Lebensmittelchemiker sind die modernen Vorkoster. Sie haben unter anderem die Aufgabe, in Lebensmitteln nach bestimmten Stoffen zu suchen, die darin normalerweise nicht enthalten sein sollen. Dazu brauchen sie bestimmte Methoden, mit denen sich diese Stoffe eindeutig nachweisen lassen. Einige dieser Methoden sollst du im Folgenden kennenlernen und anwenden.
Zum fachgerechten Experimentieren musst du bestimmte **Arbeitstechniken** erlernen. Dabei wirst du auch einige Geräte verwenden, die du noch nicht kennst, die man jedoch für das chemische Arbeiten braucht.
Manche Experimente können auch gefährlich sein. Deshalb musst du bestimmte **Sicherheitsvorschriften** beachten. Das gilt vor allem für solche Versuche, bei denen Stoffe mit dem Brenner erhitzt werden.

BLC – Bundesverband der Lebensmittelchemiker/-innen im öffentlichen Dienst e.V.

6 *Logo des Bundesverbands der Lebensmittelchemiker*

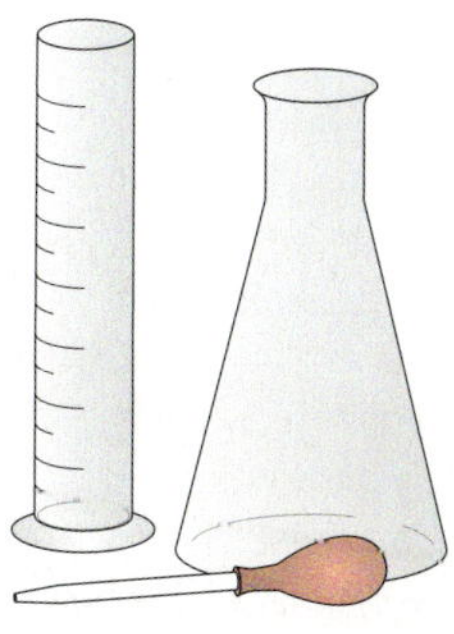

Cola – ein Kultgetränk

1 Keine Party ohne Cola. Die absoluten Renner bei den Soft Drinks sind die Cola-Getränke von verschiedenen Herstellern. Diese wenden sich in ihrer Werbung vor allem an Jugendliche. Das Trinken von Cola verspricht viel gute Stimmung.

Mache eine Umfrage! Wie viele von deinen Mitschülern trinken regelmäßig Cola, wie viele nicht? Erfrage den Grund für die Entscheidung.
1. Notiere die Aussagen in einer Liste nach folgendem Muster:

Gesamtzahl der Befragten:
Davon trinken regelmäßig normale Cola:
Begründung:

Wie viel pro Woche?
Davon trinken regelmäßig Cola light:
Begründung:

Wie viel pro Woche?

2. Fasse das Ergebnis in einer geeigneten grafischen Darstellung zusammen. Gibt es Unterschiede zwischen Mädchen und Jungen?

„Vorkoster“ für Cola-Sorten: Vergleiche den Geschmack verschiedener Cola-Sorten. Schmecken sie unterschiedlich? Kannst du sie am Geschmack erkennen?
Diskutiere dein Ergebnis mit dem von Mitschülerinnen und Mitschülern.

Info

Trinken ist wichtig! Nicht nur wer Durst verspürt, sollte reichlich Flüssigkeit zu sich nehmen. Dazu reicht eigentlich schon Leitungswasser. Den meisten schmeckt das jedoch auf Dauer zu langweilig. Daher gibt es eine große Zahl von Getränken mit unterschiedlichen Zusatzstoffen, so genannte „Soft Drinks“, die dem Wasser einen bestimmten Geschmack verleihen.

In Cola ist viel drin! Gehe in einen Getränke- oder Supermarkt und notiere von allen dort vorhandenen Cola-Sorten die Inhaltsstoffe, die auf dem Etikett der Flasche oder der Dose angegeben sind. Befrage bei unverständlichen Angaben Lexika oder das Internet und fasse die Ergebnisse in einer Tabelle nach folgendem Muster zusammen:

Stoffe, die in Cola enthalten sind		
Cola-Sorte/Bezeichnung	Herstellerfirma	Inhaltsstoffe

1. Gibt es Unterschiede zwischen den einzelnen Herstellern? Wenn ja, welche?

2. Welcher grundsätzliche Unterschied besteht zwischen normaler Cola und Cola light?

2 Nichts geht ohne Werbung. Die Cola-Hersteller versuchen beispielsweise, ihre Produkte mit der Begeisterung bei sportlichen Großveranstaltungen zu verbinden. Welche anderen Werbestrategien kennst du und was hältst du davon? Warum etwa verkaufen einige Cola-Hersteller T-Shirts oder andere Artikel mit ihrem Namenszug besonders günstig?

Experiment 1

Warum nicht einfach Zuckerwasser trinken?

Experiment für zu Hause

Materialien: Messbecher, Teelöffel, drei gleich große Trinkgläser, normale Cola, Cola light, Zucker

Stelle eine Zuckerlösung aus 250 mL Wasser und fünf gehäuften Teelöffeln Zucker her. Fülle dann in das erste Glas etwas normale Cola, in das zweite Glas etwas Cola light und in das dritte Glas etwas Zuckerlösung. Mache von jeder Flüssigkeit eine Geschmacksprobe und vergleiche.

Experiment 2

Teste deinen Geschmackssinn!

Experiment für zu Hause

Materialien: Messbecher, mehrere Trinkgläser, Leitungswasser, Zuckerlösung von Experiment 1

Ein Vorkoster musste in der Lage sein, selbst geringe Mengen eines unerwünschten Stoffs noch zu schmecken.

Verdünne die Zuckerlösung in mehreren Schritten jeweils auf das zehnfache Volumen. Prüfe bei jeder Verdünnung, ob sie noch süß schmeckt. Protokolliere gründlich.

Vergleiche deine Ergebnisse mit denen deiner Mitschüler. Wer hat die empfindlichste Zunge?

Geschmacksproben sind im Chemie-Raum verboten. Deshalb müssen die Experimente dieser Seite auch zu Hause durchgeführt werden. Siehe dazu auch Seite 36 ff.

Experiment 3

Warum schmeckt „alte" Cola nicht?

Experiment für zu Hause

Materialien: Trinkglas, frische Cola

Fülle etwas frische Cola in ein Glas und lass sie ungefähr zwei Stunden stehen. Mache anschließend eine Geschmacksprobe und vergleiche mit frisch geöffneter Cola.

Welcher Stoff, glaubst du, ist für den Geschmacksunterschied verantwortlich? Begründe deine Vermutung.

Experiment 4

Ist Cola light wirklich light?

Materialien: tiefe Glasschale, je eine Dose normale Cola und Cola light, Wasser

Fülle eine tiefe Glasschale mit Wasser und lege eine Dose normaler Cola und eine Dose Cola light hinein. Was fällt dir auf?

Wie kann man das Versuchsergebnis erklären? Überlege dir mehrere Möglichkeiten.

Plane zu jeder Möglichkeit geeignete Experimente, um zu überprüfen, welche deiner Vermutungen zutrifft. Achte darauf, dass jeweils gleiche Versuchsbedingungen erfüllt sein müssen.

Protokolliere dein Vorgehen.

Lexikon

Soft Drinks sind im Unterschied zu Hard Drinks alkoholfreie Getränke. Dazu zählen alle Arten von Erfrischungsgetränken, nicht jedoch Kaffee, Tee oder Kakaogetränke.

Historisches

Bereits im Mittelalter wurde in Italien ein Getränk aus Limonen- oder Zitronensaft und Wasser hergestellt und unter dem Namen **lemonata** verkauft. Vor etwa 200 Jahren wurden in Dresden und Philadelphia die ersten Erfrischungsgetränke hergestellt, in denen Kohlensäure enthalten war. Im Jahr 1886 mixte der Apotheker John Pemperton aus verschiedenen Stoffen eine Flüssigkeit, die gegen Kopfschmerzen und Müdigkeit helfen sollte. Dieses Getränk mit dem Namen „Coca-Cola®" ist heute das meistgetrunkene Erfrischungsgetränk der Welt.

3 Werbung für Cola-Cola im 19. Jahrhundert

Cola – näher untersucht

1 Normale Cola enthält neben Wasser vor allem Zucker. Alle anderen Inhaltsstoffe kommen in viel geringeren Mengen vor. Cola light enthält keinen Zucker, sondern Süßstoff.

Experiment 1

Zucker und Süßstoff sichtbar machen?

Materialien: 2 Teelichte, Brenner mit Dreifuß und Drahtnetz, normale Cola, Cola light

Nimm beide Teelichte und entferne die Kerze aus der Metallhülse. Fülle die eine Hülse zur Hälfte mit normaler Cola, die andere mit der gleichen Menge Cola light. Erhitze beide Hülsen nacheinander bei kleiner Flamme bis zum Sieden und lass die Flüssigkeit langsam verdampfen. Achte darauf, dass keine Flüssigkeit herausspritzt! Lass die Hülsen abkühlen und betrachte den Rest. Was kannst du aus dem Ergebnis schließen?

Tipp: Man kann den Versuch auch zu Hause machen. Statt Gasbrenner nimmt man ein weiteres Teelicht. Dreifuß und Drahtnetz ersetzt man durch den Drahtverschluss einer Sektflasche.

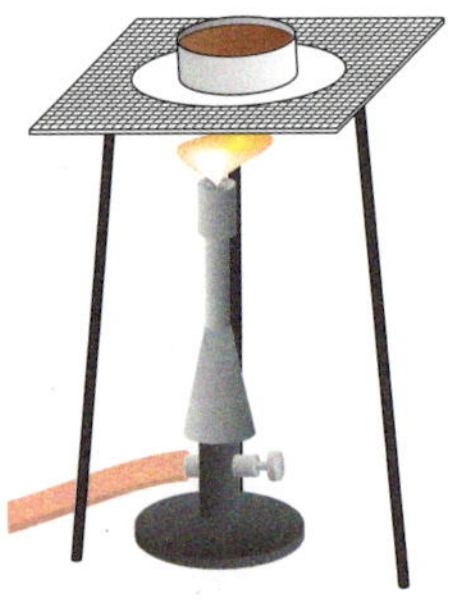

5 Aufbau von Experiment 1

Experiment 2

Drei Zuckerarten

Experiment für zu Hause

Materialien: sauberes Blatt Papier, Glucose, Fructose, Saccharose

Gib auf das Blatt jeweils ein kleines Häufchen der drei Zuckerarten. Sei ein „Vorkoster" und mache von jeder eine Geschmacksprobe. Welcher Zucker schmeckt am meisten, welcher am wenigsten süß?

Mithilfe des Geschmackssinns ist es jedoch nicht möglich, jeden der drei Zucker eindeutig herauszufinden, wenn der süße Geschmack, wie z. B. bei Cola, durch andere Stoffe überdeckt wird.

[A] Aufgaben

1. Welches Land ist der größte Rohrzuckerproduzent? Was wird dort aus Rohrzucker hergestellt und warum? Schreibe einen kurzen Zeitungsbericht.
2. In den USA wird Cola statt mit Rohrzucker mit Fruchtzucker gesüßt, der aus einheimischem Mais hergestellt wird. Welche Gründe könnte es dafür geben?
3. Welche Besonderheiten haben Glucose und Fructose im Vergleich zu normalem Haushaltszucker? In welchen Produkten werden sie verwendet?
4. Recherchiere im Internet, welche Arten von Süßstoffen bzw. Zuckerersatzstoffen es gibt.

Historisches

Honig war lange Zeit das einzige Süßungsmittel. Zucker aus Zuckerrohr war zwar seit der Antike bekannt, aber bis vor 200 Jahren in Europa sehr teuer. Er musste aus Mittel- und Südamerika eingeführt werden. Tausende von afrikanischen Sklaven arbeiteten dort auf Zuckerrohrplantagen meist unter menschenunwürdigen Bedingungen.

1747 entdeckte der Berliner Apotheker Andreas Sigismund Marggraf, dass die europäische Runkelrübe denselben Zucker enthält. 1801 entstand in Schlesien die erste Rübenzuckerfabrik der Welt. So konnten sich bald auch weniger reiche Menschen in Europa Zucker kaufen.

4 Fruchtzucker ist, wie schon der Name sagt, in vielen Früchten enthalten.

3 Traubenzucker heißt so, weil er z. B. in Weintrauben vorkommt.

2 Es gibt verschiedene Zuckerarten. Aus Zuckerrohr und Zuckerrüben gewinnt man Saccharose, unseren normalen Haushaltszucker. Saccharose wird im Körper in zwei andere Zuckerarten umgewandelt: in Traubenzucker (Glucose) und Fruchtzucker (Fructose).

Experiment 3

Die Chemie ersetzt den Vorkoster T Xi N

Lehrerversuch

Materialien: Brenner mit Dreifuß und Drahtnetz, 250-mL-Becherglas, 12 Reagenzgläser, Reagenzglasgestell, Spatel, Glucose, Fructose, Saccharose, Cola, vier Tropffläschchen mit: Benedict-Lösung, Seliwanow-Lösung, Cobaltchlorid-Lösung [T, N], verdünnte Natronlauge [Xi].

In jeweils 3 Reagenzgläser werden eine Spatelspitze Glucose, Fructose bzw. Saccharose gegeben. Man löst die 3 Zuckerarten nach folgendem Muster in jeweils etwa 2 cm hoch Benedict-Lösung, Seliwanow-Lösung und Cobaltchlorid-Lösung und schüttelt um.

	Benedict-Lösung	Seliwanow-Lösung	Cobaltchlorid-Lösung
Glucose	–	–	–
Fructose	–	–	–
Saccharose	–	–	–

Die Reagenzgläser, die Benedict-Lösung und Seliwanow-Lösung enthalten, werden 5 Minuten im heißen Wasserbad erhitzt. Zu den Reagenzgläsern, die Cobaltchlorid-Lösung enthalten, werden 5 Tropfen Natronlauge zugefügt und umgeschüttelt. Man trägt die Versuchsergebnisse in eine Tabelle ein.

Nun wiederholt man den Versuch statt mit Zucker mit etwa 1 cm hoch normaler Cola. Wie kann man durch eine Verknüpfung der Ergebnisse herausfinden, welcher Zucker in Cola enthalten ist?

6 Zuckerrohrernte heute (Südspanien)

7 Tropfflaschen mit Verschluss

Info

Zum vorsichtigen Erhitzen von Stoffen, die nicht zu heiß werden dürfen, verwendet man ein **Wasserbad**. Auf diese Weise kann die Temperatur nicht über 100 °C ansteigen.

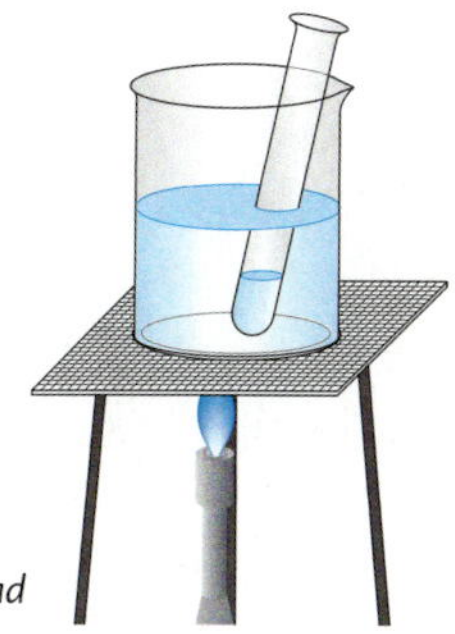

8 Erhitzen im Wasserbad

Stoffe nachweisen. Mit unseren Sinnen ist es nicht immer möglich, die Inhaltsstoffe eines Nahrungsmittels genau zu bestimmen. Lebensmittelchemiker nutzen daher Nachweislösungen wie z. B. die Benedict-Lösung, um Stoffe nachzuweisen. Bei den Zuckersorten ist ein solcher Nachweis vergleichsweise schwierig: Man muss mehrere Nachweislösungen anwenden und die Versuchsergebnisse logisch miteinander verknüpfen, um eine bestimmte Zuckersorte eindeutig nachweisen zu können.

Merke

Viele Stoffe können nur durch Nachweislösungen (oder durch eine Kombination von Nachweislösungen) nachgewiesen werden.

Neues lernen

Cola schmeckt süß ... aber auch sauer!

1 Viele Süßigkeiten schmecken gleichzeitig süß und sauer. Beispielsweise enthalten saure Bonbons Zucker und sogenannte Fruchtsäuren.

Experiment 1

Nachweis von Säuren

Materialien: 250-mL-Becherglas, 7 Reagenzgläser, Reagenzglasgestell, Dreifuß mit Drahtnetz, Brenner, Messer, Spatel, Tropfpipetten, Wasser, Zucker, Mineralwasser, Essig, Zitronensaft, verdünnte Phosphorsäure [Xi], Cola, Rotkohlblatt

Schneide das Rotkohlblatt in kleine Stücke. Koche diese mit etwas Wasser einige Minuten im Becherglas. Lass die Lösung abkühlen.

Fülle die 7 Reagenzgläser zur Hälfte mit Rotkohllösung. Das erste Reagenzglas bleibt unverändert, in das zweite kommt etwas Zucker, in die folgenden jeweils einige Tropfen Mineralwasser, Essig, Zitronensaft, verdünnte Phosphorsäure und Cola.

Achte auf Farbänderungen und notiere sie.

Welche Besonderheit zeigt der Säurenachweis in Cola?

Lexikon

Fruchtsäuren sind, wie der Name schon sagt, in Früchten vorhanden. Die **Apfelsäure** kommt aber nicht nur in Äpfeln, sondern auch in anderen Früchten vor. Auch die **Citronensäure** und die **Weinsäure** findet man nicht nur in Zitronen oder in Weintrauben. Zu den Fruchtsäuren gehört auch die **Milchsäure**, obwohl Sauermilch keine Frucht ist. Eine andere in Lebensmitteln vorkommende Säure ist die **Essigsäure**.

5 Rhabarber enthält Oxalsäure.

[A] Aufgaben

1. Oft kommt Zitronensaft oder Essig in den Rotkohl. Manche Personen nennen Rotkohl aber auch „Blaukraut". Erkläre die unterschiedlichen Namen.
2. Recherchiere im Lexikon oder im Internet, welche Fruchtsäuren in Früchten enthalten sind.
3. Essig ist ein häufiger Bestandteil von Salatsoßen. Informiere dich über weitere Vorkommen bzw. Verwendungszwecke von Essig in Lebensmitteln.

Die Stoffklasse der Säuren. Es gibt zahlreiche Säuren: Citronensäure, Salzsäure, Schwefelsäure, Phosphorsäure usw. Da sie alle ähnliche Eigenschaften aufweisen, fasst man sie zu einer Stoffklasse zusammen. Beispielsweise sind mehrere Säuren ätzend oder giftig, sodass man sie auf keinen Fall kosten darf. Auch andere Stoffe, die ähnliche Eigenschaften haben, fasst man zu Stoffklassen zusammen, z. B. die Metalle.

2 Manche Stoffe erfahren durch Einwirkung von Säuren eine Farbänderung, z. B. Rotkohl, schwarzer Tee, Hibiskusblüten oder Brombeeren. Solche Säureindikatoren kann man daher zum Nachweis von Säuren verwenden.

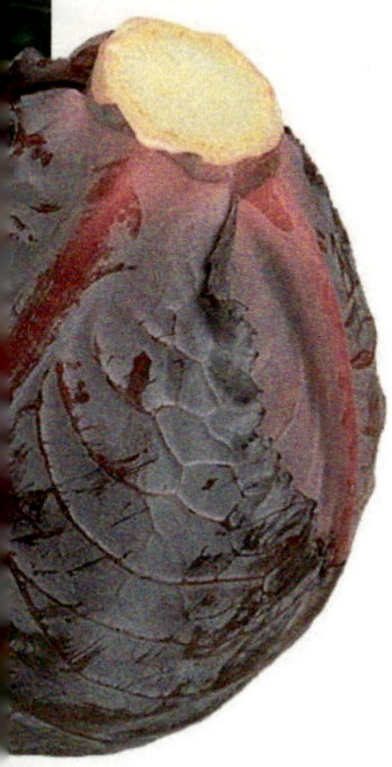

3 Bei farbigen Flüssigkeiten ist der Säurenachweis nicht so einfach: Die gelbe Farbe des Safts überdeckt die Farbänderung des Indikators.

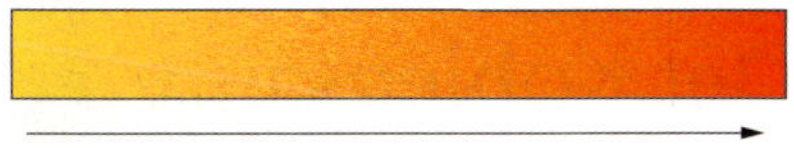

4 Der Nachweis von Säuren in farbigen bzw. undurchsichtigen Flüssigkeiten gelingt z. B. mit Universalindikatorpapier. Mit Säuren zeigt sich eine Farbänderung von Gelb (schwach sauer) über Orange nach Rot (stark sauer).

Experiment 2

Säurenachweis in farbigen Flüssigkeiten

Materialien: 3 kleine Bechergläser, Universalindikatorpapier, Wasser, Orangensaft, Cola

Fülle in jeweils ein Becherglas etwas Wasser, Orangensaft und Cola. Tauche in jede Flüssigkeit kurz ein Stückchen Universalindikatorpapier. Notiere die Farben vor und nach dem Eintauchen.

Experiment 3

Nachweis von Phosphorsäure Xi

Materialien: 4 Reagenzgläser, Reagenzglasgestell, Wasser, verdünnte Phosphorsäure [Xi], Speiseessig, Cola, Tropfflasche mit Molybdatlösung, Spatel, Ascorbinsäure

Nimm drei Reagenzgläser und gib je etwa 1 cm hoch Wasser, Phosphorsäure und Essig hinein.

Füge zu jeder Lösung 10 Tropfen Molybdatlösung und eine Spatelspitze Ascorbinsäure hinzu. Schüttle um und lass die Lösungen etwa 1 min stehen. Notiere deine Beobachtungen.

Verdünne anschließend im vierten Reagenzglas 1 cm hoch Cola mit der gleichen Menge Wasser. Füge auch hier 10 Tropfen Molybdatlösung und eine Spatelspitze Ascorbinsäure hinzu. Schüttle um und lass die Lösung etwa 1 min stehen. Was stellst du fest?

Info

Ein **Nachweisreagenz** ist ein Stoff, der einen anderen Stoff eindeutig nachweisen kann. Das Nachweisreagenz für Phosphorsäure ist eine Kombination aus Molybdatlösung und Ascorbinsäure.

Stoffe eindeutig nachweisen. Cola enthält Phosphorsäure. Mit den Sinnen kann man dies aber nicht nachweisen, z. B. weil die Säure durch den Zuckergeschmack überdeckt wird. Auch mit einem Indikator wie Rotkohlsaft oder Universalindikatorpapier stellt man nur fest, dass Cola irgendeine Säure enthält. Man braucht also eine spezifische Nachweislösung, die wirklich nur mit Phosphorsäure eine bestimmte Farbe ergibt.
Dazu dient eine Mischung aus Molybdatlösung und Ascorbinsäure.
Vorher muss man aber die Nachweislösung testen: Als **positive Blindprobe** gibt man die Nachweislösung zu Phosphorsäure, um den Farbumschlag kennenzulernen. Als **negative Blindprobe** gibt man die Nachweislösung zu anderen Stoffen. Jetzt darf, wenn alles in Ordnung ist, der Farbumschlag nicht auftreten.

[A] Aufgaben

4. Eine Lösung von Zucker in Wasser ist bekanntlich nicht sauer. Erkläre, warum Experiment 1 trotzdem auch mit Zuckerlösung durchgeführt wird.

5. Erkläre, warum der Phosphorsäurenachweis auch mit Wasser und Essig durchgeführt wird.

6. Warum muss die Cola vor dem Phosphorsäurenachweis mit Wasser verdünnt werden?

Merke

Mit Blindproben überprüft man, ob eine Nachweislösung wirklich nur auf den betreffenden Stoff reagiert.

Der Kohlensäure auf der Spur

1 Ist das, was da blubbert, sauer? Ändern Säureindikatoren ihre Farbe, wenn sie mit Kohlensäuregas in Kontakt kommen?

Was ist Kohlensäure? Wie entsteht sie? Plane dazu geeignete Experimente. Knüpfe z. B. an Experiment 3 von Seite 7 an.
Man kann Getränke mit Kohlensäure auch selbst herstellen. Vielleicht hast du sogar einen geeigneten Apparat zu Hause. Du brauchst nur normales Leitungswasser und eine Kohlensäurepatrone, die in das Gerät eingesetzt wird.

4 Trinkwassersprudler mit Kohlensäurepatrone

Experiment 1

Nachweis von Kohlensäure und Kohlenstoffdioxid

Materialien: 4 Reagenzgläser, Reagenzglasgestell, 2 Tropfpipetten, kohlensäurehaltiges Mineralwasser, verdünnte Phosphorsäure [Xi], Kalkwasser

Fülle ein Reagenzglas mit Mineralwasser und ein weiteres mit verdünnter Phosphorsäure. In die beiden anderen kommt etwa 2 cm hoch Kalkwasser. Gib anschließend einige Tropfen Mineralwasser bzw. Phosphorsäure zum Kalkwasser und schüttle. Notiere deine Beobachtungen.

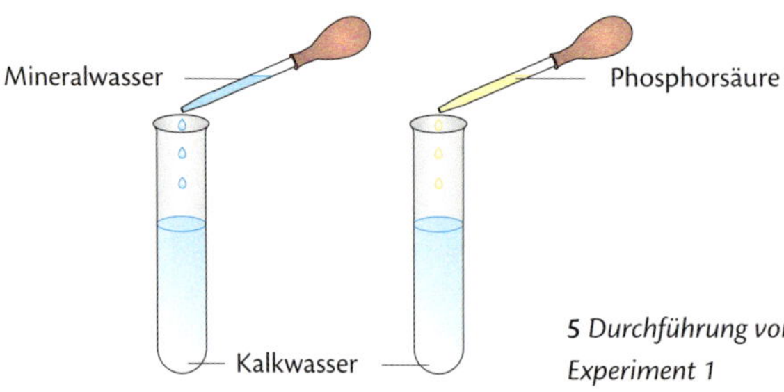

5 Durchführung von Experiment 1

Historisches

Die Kohlensäure, lat. acidum carbonicum; franz. acide carbonique; engl. carbonic acid, ist ein farbloses Gas, als welches auch Kohlensäuregas genannt wird. [...] Kohlensäure ist in Wasser löslich, bewirkt das Moussieren der Mineralwässer, das Schäumen des Champagnerweins und der Biere und ist, so wohlthätig wie sie von einer Flüssigkeit absorbirt auf den thierischen Organismus wirkt, dennoch an und für sich als Gas nicht athmenbar, sondern erstickend.

Quelle: Conversations-Lexicon, 6. Band, Erste Originalauflage, Leipzig 1834

[A] Aufgaben

1. Erkläre, warum der Nachweis von Kohlensäure auch mit Phosphorsäure durchgeführt wurde.
2. Plane einen Versuch, mit dem du nachweisen kannst, dass Cola Kohlensäure enthält. Erkläre, warum es nicht sinnvoll ist, wenn man dazu Universalindikatorpapier in die Cola hält.

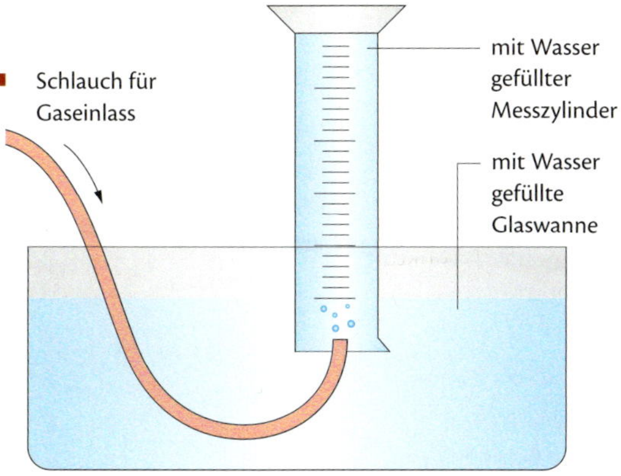

2 Mit einer pneumatischen Wanne kann man Gase auffangen und abmessen. Baue eine solche pneumatische Wanne auf, puste vorsichtig in den Schlauch und beobachte. Wie kannst du nachmessen, wie viel Luft du ausgeatmet hast?

3 Kohlenstoffdioxid wird zum Transport und späteren Gebrauch in druckfeste Stahlflaschen gepresst.

Experiment 2

Bau eines Kohlensäure-Schaumlöschers 

Materialien: 1-L-Rundkolben mit seitlichem Ansatz, passender Gummistopfen, 100-mL-Becherglas, Porzellanschale, Feuerzeug, Papierstreifen, 2 Tütchen Brausepulver, Geschirrspülmittel, Wasser, Brennspiritus [F]

Fülle das Brausepulver und etwa dieselbe Menge Spülmittel in den Rundkolben sowie etwas Brennspiritus in die Porzellanschale. Entzünde den Spiritus mit einem brennenden Papierstreifen. Gieße ein Glas Wasser in den Rundkolben, verschließe ihn sofort mit dem Stopfen und richte das seitliche Ansatzrohr auf den brennenden Spiritus.

Kohlenstoffdioxid und Kohlensäure. Kohlenstoffdioxid ist (bei Raumtemperatur) ein Gas. In Wasser löst es sich gut, wobei sich eine schwach saure Flüssigkeit bildet, die Kohlensäure genannt wird. Schütteln oder Erwärmen setzt das gasförmige Kohlenstoffdioxid wieder aus der Flüssigkeit frei. Kalkwasser dient als Nachweislösung für Kohlenstoffdioxid und Kohlensäure.
Mit Kohlenstoffdioxid werden nicht nur Getränke hergestellt.
Es gibt noch weitere Anwendungen, z. B. in Kohlensäurelöschern.
Kohlenstoffdioxid erstickt nämlich viele Arten von Bränden.
Umgangssprachlich wird Kohlenstoffdioxid vereinfacht „Kohlendioxid" genannt. Auch die chemische Formel CO_2 hört man häufig.

Info

Jeder kennt das: **Brausepulver** prickelt („blitzelt") auf der Zunge. Das kommt vom Kohlenstoffdioxid, das beim Kontakt von Brausepulver mit Wasser erzeugt wird.

[A] Aufgaben

3. Leitet man Kohlenstoffdioxid pneumatisch in einen Messzylinder, scheint es zunächst im Messzylinder zu verschwinden. Erkläre, wo es geblieben ist.
4. „Wenn man eine Colaflasche aufmacht, kommt Kohlensäure raus". Erläutere, warum dieser Satz falsch ist.
5. Erkläre, warum die Kohlensäurepatrone eines Wassersprudlers nach Benutzung weniger wiegt.

Merke

Das aus kohlensäurehaltigen Getränken entweichende Gas hat die chemische Bezeichnung Kohlenstoffdioxid.

Neues lernen

Cola ist ein Stoffgemisch

Der **Aromamix** besteht aus:

34,5 % Kolanusssamenextrakt
15,0 % Limettendestillat
10,0 % Zitronenschalendestillat
8,5 % Kakaodestillat
7,0 % Kaffeedestillat
5,0 % Matedestillat
4,0 % Mandarinenblättertinktur
3,0 % Johannisbrottinktur
3,0 % bittere Orangentinktur
2,0 % kokainfreie Cocablättertinktur
1,7 % Ingwertinktur
1,0 % Zitwerwurzeldestillat
1,0 % Holunderblütentinktur
1,0 % Mazisblütentinktur
1,0 % Kalmusextrakt
1,0 % Mimosenbaumrindenextrakt
0,5 % Ysopkrauttinktur

1 Blätter und Frucht des Kolabaums (Cola acuminata)

Zusammensetzung von 1 Liter Cola

880,0 ml Wasser
107,0 g Zucker
9,0 g Kohlenstoffdioxid (E 290)
1,8 g Zuckerkulör (E 150d)
0,5 g Phosphorsäure (E 338)
0,3 g Citronensäure (E 330)
0,2 g Saccharoseacetatisobutyrat (E 444)
0,2 g Koffein und Theobromin
1,0 g Aromamix

Cola enthält nicht nur Zucker, Phosphorsäure und Kohlenstoffdioxid. Eine solche Mischung würde ganz anders schmecken als das Original. Das vollständige Rezept ist – anders als vielfach behauptet – kein Geheimnis!
Von vielen dieser Stoffe wirst du wohl noch nie gehört haben. Sie nachzuweisen ist sehr schwierig. Trotzdem sollst du einige davon näher kennenlernen.

Experiment 1
Herstellung von Zuckerkulör
Experiment für zu Hause
Materialien: mehrere leere Teelichthülsen, Teelicht als Wärmequelle, Verschlussdraht eines Sektkorkens als „Dreifuß“, Löffel, Zucker, Wasser
Ein typisches Kennzeichen von Cola ist neben dem Geschmack die Farbe. Versuche einen geeigneten Farbstoff herzustellen.
Bedecke den Boden mehrerer Teelichthülsen mit Zucker. Erhitze (ohne den Zucker zu verkohlen!) unterschiedlich lang, um verschiedene Braunfärbungen zu erhalten, und lass abkühlen. Löse jede Probe in etwas Wasser und prüfe den Geschmack. Welchen Farbstoff würdest du empfehlen?

[A] Aufgaben

1. Bestimme die Masse von einem Stück Würfelzucker und berechne, wie viele Stücke Würfelzucker in einem Liter Cola enthalten sind.
2. Finde heraus, welche Getränke außer Cola mit Zuckerkulör gefärbt werden.
3. Lege nach folgendem Muster eine Tabelle an. Trage alle in Cola enthaltenen Stoffe ein und ergänze die leeren Kästchen mithilfe des Internets. Arbeite mit zwei oder drei Mitschülerinnen oder Mitschülern zusammen.

Stoff	Vorkommen	Eigenschaft / Wirkung
Saccharoseacetatisobutyrat		
Koffein		
…		

4. Einige der in Cola enthaltenen Stoffe sind oder enthalten „Drogen“. Was bezeichnet der Begriff „Droge“? Warum wird Cola nicht verboten?

Das Reinheitsgebot der Stadt Weißensee von 1434

Statuta thaberna

Zu dreimal Brauen

Es soll auch niemand mehr brauen als dreimal in einem Jahr oder nachdem die Räte und die Gemeinde eines jeglichen Jahres einig werden. Zu dem Bier brauen soll man nicht mehr nehmen als soviel Malz als man zu drei Gebräuen von dreizehn Maltern an ein viertel Gerstenmalz braucht. Die Gebräue soll man tun zu welcher Zeit in dem Jahr man will oder man erkennt, daß es am bequemlichsten sei.
Es soll auch nicht in das Bier weder Harz noch keinerlei andere Ungeferche. Darzu soll man nichts anderes geben als Hopfen, Malz und Wasser. Das verbietet man bei zwei Mark und derjenige muß die Stadt für vier Wochen räumen.

Statuta Opidi Wissinsee
de anno MCCCCXXXIV

2 Die zugesetzten Stoffe müssen auf der jeweiligen Verpackung vermerkt sein.

Zusatzstoffe in Lebensmitteln. Viele industriell hergestellte Nahrungsmittel enthalten Lebensmittelzusatzstoffe. Diese sollen Aussehen oder Geschmack des Produkts verbessern oder die Haltbarkeit verlängern. Die Verwendung von Lebensmittelzusatzstoffen ist gesetzlich geregelt. Das bedeutet, dass nur solche Stoffe verwendet werden dürfen, die dafür zugelassen sind. Vor der Genehmigung müssen diese Stoffe in Lebensmitteluntersuchungsämtern überprüft werden, ob sie nicht der Gesundheit schaden. Nach geltender Vorschrift müssen die zugesetzten Stoffe außerdem auf der Lebensmittelverpackung angegeben werden. ▸ 2
Auch Lebensmittel, die keine absichtlich zugesetzten Stoffe enthalten, sind Stoffgemische, z. B. Milch, Erdbeeren oder sogar Leitungswasser.

Experiment 2
Wirkung von Ascorbinsäure / Vitamin C
Experiment für zu Hause
Materialien: Obstmesser, Pinsel, Apfel, Zitronensaft oder Vitamin-C-Lösung
Zerschneide einen Apfel in zwei Hälften. Bestreiche eine der Schnittflächen mit Zitronensaft oder Vitamin-C-Lösung. Lass beide Hälften etwa eine halbe Stunde an der Luft liegen und vergleiche dann. Was folgerst du?

Experiment 3
Untersuchung von Leitungswasser
Materialien: Becherglas, Dreifuß, Drahtnetz, Brenner, Leitungswasser
Fülle Leitungswasser in ein Becherglas und erhitze es über einer Brennerflamme bis zum Sieden. Beobachte den Vorgang. Notiere, woran du erkennen konntest, dass Leitungswasser ein Stoffgemisch ist.

Historisches
Das Reinheitsgebot für Bier, z. B. das hier abgebildete Reinheitsgebot der Stadt Weißensee von 1434, ist eine der ältesten noch gültigen Lebensmittelvorschriften der Welt.

Info
Seit Kurzem gibt es auch **grünen Ketchup**. Grüner Ketchup ist normaler roter Ketchup, dem zusätzlich zwei Farbstoffe mit der Bezeichnung E 104 und E 131 hinzugefügt worden sind.
Finde heraus, welche Farbstoffe das sind, und erkläre, wie es zu der grünen Farbe kommt. Einer dieser Farbstoffe kann allergische Reaktionen hervorrufen. Welcher ist es?

Lexikon
Ascorbinsäure (Vitamin C) ist in vielen pflanzlichen Lebensmitteln enthalten, z. B. in Kartoffeln, Zitronen, Orangen, Paprika und Petersilie.

Aufgaben
5. Recherchiere im Internet, was die E-Nummern bedeuten und wo sie Verwendung finden.
6. Ordne die in Bild 2 aufgeführten Stoffe folgenden Begriffen zu: „Lebensmittel", „Geschmacksstoff", „Farbstoff", „Konservierungsstoff". Welche Stoffe kannst du nicht zuordnen?

Merke
Die in der Natur vorkommenden Stoffe sind fast immer Stoffgemische. Auch alle Lebensmittel sind Stoffgemische.

Jeder Reinstoff hat einen Steckbrief

Kupfer | Saccharose | Schwefel | Wasser

1 Hier siehst du einige Stoffe, die nur aus einer „Sorte" bestehen, also keine Stoffgemische sind. Solche Stoffe nennt man Reinstoffe.

Reinstoffe voneinander unterscheiden. Viele Stoffe kann man einfach mit den Sinnen erkennen, z. B. anhand von Aussehen, Geruch oder Geschmack. Dennoch ist das Erkennen von Stoffen nicht immer einfach. Wasser und Alkohol kann man z. B. am Aussehen nicht unterscheiden. Erhitzt man sie aber, so beginnen sie bei unterschiedlichen Temperaturen zu sieden. Auch wenn man sie abkühlt, erstarren sie bei unterschiedlichen Temperaturen. Außer der Schmelz- und der Siedetemperatur gibt es noch weitere Eigenschaften, mit denen man Stoffe voneinander unterscheiden kann, z. B. die Dichte, die Brennbarkeit oder die Löslichkeit in Wasser und in anderen Lösemitteln.

Geschmacksproben sind im Chemieunterricht verboten. Für einen Vorkoster war die Prüfung des Geschmacks hingegen wichtig und wurde noch lange Zeit für alle möglichen Stoffe durchgeführt. Sogar Blausäure, eine tödlich wirkende Substanz, wurde auf ihren Geschmack überprüft, wie der nebenstehende Text zeigt.

Merke

Fasst man die Eigenschaften eines Stoffs zusammen, erhält man seinen Steckbrief. Zum Steckbrief gehören z. B. Aussehen und Geruch, Schmelz- und Siedetemperatur, Dichte und Löslichkeit.

Historisches

Blausäure, lat. acidum hydrocyanicum s. borussicum; franz. acide prussique ou hydrocyanique; engl. hydrocyanic, or prussic, or chyazic acid. [...] Sie ist farblos, von einem starken, unerträglichen, ganz bitteren Mandeln ähnlichem Geruche, von anfangs kühlendem, dann scharfem und brennendem Geschmacke; ihr specifisches Gewicht ist 0,94. Sie ist sehr flüssig; kocht schon bei + 26 °C und gefriert bei – 15 °C. Rothkohlsaft wird von ihr nur schwach geröthet.
Sie ist im Wasser wenig auflöslich, leicht aber im Alkohol.

Quelle: Conversations-Lexicon, 2. Band, Erste Originalauflage, Leipzig 1834

Aussehen/Geruch	farb- und geruchlos
Aggregatzustand	fest
Schmelztemperatur	42,4 °C
Siedetemperatur	zersetzt sich bei 213 °C
Dichte	1,83 g/cm³ (bei 18 °C)
Löslichkeit	vollständig mischbar mit Wasser
Gefahrstoffkennzeichnung	C Ätzend

3 Steckbrief von Phosphorsäure

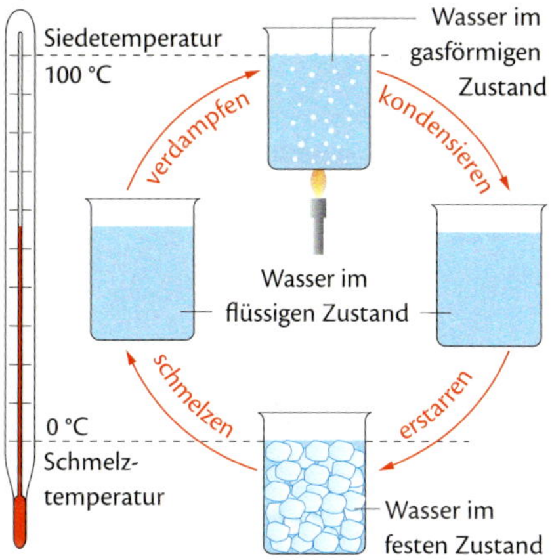

2 Wasser kann – wie viele andere Stoffe – im festen, flüssigen oder gasförmigen Aggregatzustand vorliegen.

Experiment 1

Temperaturverhalten eines Reinstoffs beim Sieden

Materialien: Brenner, Dreifuß, Drahtnetz, 250-mL-Becherglas, Thermometer, destilliertes Wasser

Erhitze das Wasser bis zum Sieden und beobachte die Temperaturänderungen. Was stellst du fest?

Experiment 2

Löslichkeit von Stoffen in Wasser

Materialien: 4 Reagenzgläser, Reagenzglasgestell, Spatel, Tropfpipetten, Zucker, Sand, Speiseöl, Brennspiritus [F], Wasser

Gib in 4 Reagenzgläser jeweils 1 Spatelspitze bzw. 5 Tropfen der Stoffe, deren Löslichkeit untersucht werden soll. Fülle die Reagenzgläser etwa 2 cm hoch mit Wasser, schüttle um und beobachte.

Experiment 3

Die Dichte von Wasser und Alkohol

Materialien: Zwei 100-mL-Messzylinder, Digitalwaage, reines (destilliertes) Wasser, Alkohol [F]

Bestimme mit den Messzylindern und der Waage die Masse von 100 mL Wasser und von 100 mL Alkohol. Berechne dann die Dichte von Wasser und von Alkohol.

Die Dichte. 100 mL Alkohol wiegen weniger als 100 mL Wasser. Alkohol hat eine geringere Dichte als Wasser. Die Dichte ist der Quotient aus der Masse der Stoffportion und dem zugehörigen Volumen.

$$\text{Dichte } \varrho = \frac{\text{Masse } m}{\text{Volumen } V}$$

ϱ (rho) ist das griechische „r".

Die Einheit der Dichte ist 1 g / cm³. Hinweis: 1 mL = 1 cm³ (Kubikzentimeter)

Info

Beim Sieden (und auch beim Schmelzen) eines Reinstoffs bleibt die Temperatur so lange unverändert, bis alles verdampft (bzw. geschmolzen) ist.

[A] Aufgaben

1. Recherchiere im Internet den Steckbrief von Kohlenstoffdioxid.
2. Festes Kohlenstoffdioxid sieht aus wie festes Wasser. Erkläre, warum man es dennoch „Trockeneis" nennt.
3. In Flaschen, die kohlensäurehaltige Getränke enthalten, herrscht Überdruck. Das merkt man spätestens dann, wenn man eine Flasche öffnet. Mache eine Aussage über die Löslichkeit von Kohlenstoffdioxid in Wasser in Abhängigkeit vom Druck und begründe sie.

4. Überlege dir eine Möglichkeit, wie man experimentell die Dichte von Gasen bestimmen kann.
5. Wiederhole Experiment 2 mit Waschbenzin [F] als Lösemittel. Notiere die Unterschiede.

2 *Quarz, Feldspat und Glimmer lassen sich im Granit identifizieren.*

Stoffgemische und ihre Trennung

1 *Was meinst du?*

Stoffgemische werden in zwei Gruppen eingeteilt. Solche, deren Bestandteile man mit dem bloßen Auge, durch eine Lupe oder ein Mikroskop voneinander unterscheiden kann, nennt man **heterogene** Stoffgemische. Stoffgemische, die einheitlich aussehen, obwohl sie aus mehreren Reinstoffen bestehen, nennt man **homogene** Stoffgemische.
Viele Stoffgemische, z. B. Abwasser, sind beides: homogen und heterogen. Einige Stoffe sind im Wasser gelöst, andere nicht. Wegen der ungelösten Stoffe ist Abwasser nicht durchsichtig, sondern trüb.

Mengenanteile. Bei homogenen Stoffgemischen unterscheidet man zwischen dem Lösemittel und dem darin gelösten Stoff. Das Lösemittel ist dabei der Stoff, der in der Lösung den größten Anteil einnimmt. Die Menge des gelösten Stoffs kann durch zwei Kennzahlen angegeben werden:

$$\text{Massenkonzentration } \beta = \frac{\text{Masse des gelösten Stoffs}}{\text{Volumen der Lösung}}$$

$$\text{Massenanteil } w = \frac{\text{Masse des gelösten Stoffs}}{\text{Masse der Lösung}} \cdot 100$$

Die Einheit der Massenkonzentration ist g / L.
Der Massenanteil wird in Prozent (%) angegeben.

Info

Heterogene Stoffgemische haben je nach Aggregatzustand der Bestandteile unterschiedliche Bezeichnungen:

Bestandteile	Bezeichnung
fest mit fest	Gemenge
flüssig mit flüssig	Emulsion
fest in flüssig	Suspension
fest in gasförmig	Rauch
flüssig in gasförmig	Nebel

[A] Aufgaben

1. Suche Beispiele für die verschiedenen Arten von heterogenen Stoffgemischen.
2. Ordne folgende Beispiele homogenen bzw. heterogenen Gemischen zu: Cola, Essig, Salatsoße, Tee, Milch, Fleischbrühe, Currypulver.
3. Meerwasser ist bekanntlich salzig. Recherchiere die Anteile von Salz im Wasser der Ozeane, der Ostsee und des Toten Meers. Erkläre die Unterschiede.
4. Für medizinische Zwecke benötigt man häufig eine sogenannte physiologische Kochsalzlösung (w = 0,9 %). Berechne, wie viel Kochsalz und wie viel Wasser man benötigt, um 500 g dieser Lösung herzustellen.

Merke

Stoffgemische, deren Bestandteile man mit dem Auge voneinander unterscheiden kann, bezeichnet man als heterogene Stoffgemische. Homogene Stoffgemische erscheinen dagegen als einheitlich.

3 Ein bekanntes Beispiel für die Trennung eines Gemenges ist das Märchen vom Aschenputtel, wo ein Gemenge aus Linsen und Asche getrennt wird:
„... Da kamen zum Küchenfenster zwei weiße Täubchen herein und danach die Turteltäubchen, und endlich schwirrten und schwärmten alle Vögel unter dem Himmel herein und ließen sich um die Asche nieder. Und die Täubchen nickten mit ihren Köpfchen und fingen an pick, pick, pick, pick, und da fingen die übrigen auch an pick, pick, pick, pick, und lasen alle guten Körner in die Schüsseln."

4 Auch in Abfallsortieranlagen werden Gemenge ausgelesen: Wertstoffe wie Metalle oder Kunststoffe werden vom Restmüll getrennt.

5 Auslaufendes Öl schwimmt auf dem Wasser.

Moskau, 12.11.2007. *Bei einem der schwersten Stürme seit Jahrzehnten sind gestern im Schwarzen Meer mindestens vier Schiffe gesunken. Zu großen Umweltproblemen dürfte vor allem die Havarie des russischen Öltankers „Wolganeft-139" führen: Etwa 2000 Tonnen Öl (2,3 Millionen Liter) ergossen sich wenige Kilometer vor der Küste ins Meer.*

Warum schwimmt Öl auf Wasser? Ursache ist die unterschiedliche Dichte von Öl und Wasser: Bei einem heterogenen Stoffgemisch schwimmt immer der Stoff mit der geringeren Dichte auf dem Stoff mit der größeren Dichte. Bei einem Ölunfall versucht man daher das Öl von der Wasseroberfläche abzuschöpfen.

i Info

Im Chemielabor trennt man eine Emulsion von zwei nicht miteinander mischbaren Flüssigkeiten mit einem **Scheidetrichter**.

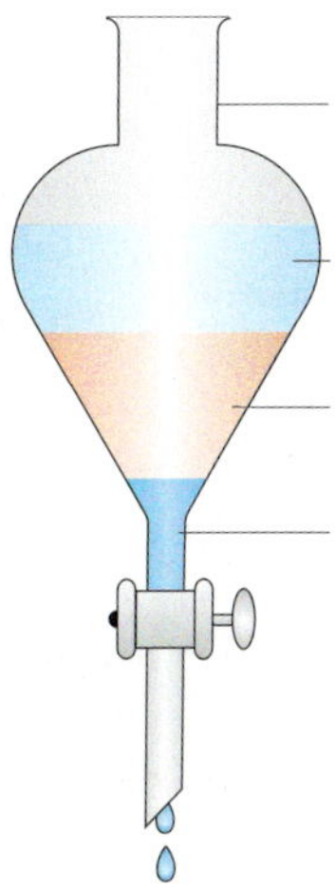

Experiment 1

Trennung eines Öl-Wasser-Gemischs

Materialien: Erlenmeyerkolben, 2 Bechergläser (100 mL), Scheidetrichter, Wasser, Salatöl

Fülle in den Erlenmeyerkolben etwa 50 mL Wasser und 50 mL Salatöl und schüttle kräftig um. Überführe die Mischung in den Scheidetrichter. Versuche die beiden Flüssigkeiten möglichst sauber wieder voneinander zu trennen. Protokolliere deine Überlegungen.

[A] Aufgaben

5. Berechne aus den Zahlen im Zeitungsartikel die Dichte des erwähnten Öls. Begründe, warum es auf dem Wasser geschwommen ist.
6. Zum Trennen von zwei nicht miteinander mischbaren Flüssigkeiten ist ein Becherglas ungeeignet. Erkläre, warum sich ein Scheidetrichter dafür besser eignet.
7. Welche Aufgabe hat ein Ölabscheider und wo wird er verwendet? Recherchiere im Internet und fertige eine Skizze an.

Neues lernen

1 – 2 Auch beim Kaffeekochen finden Stofftrennungen statt.

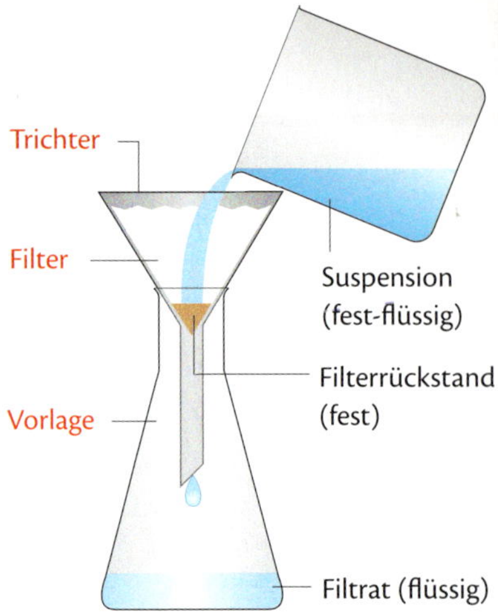

Info

Im Chemielabor trennt man Suspensionen wie bei der Zubereitung von Kaffee:

- **Sedimentation** (Absetzen des Feststoffs) und anschließendes **Dekantieren** (Abgießen der Flüssigkeit) oder
- **Filtration** der Flüssigkeit.

Suspensionen trennen. Beim Kaffeekochen erhält man zunächst ein Stoffgemisch: eine Lösung – den eigentlichen Kaffee – und unlöslichen Kaffeesatz. Um beide voneinander zu trennen, gibt es zwei Möglichkeiten:

- Beim türkischen Kaffee wird Kaffeepulver mit Wasser gekocht. Man wartet, bis sich der Kaffeesatz abgesetzt hat, oder beschleunigt dies mit einem Schieber. ► 2
  Danach gießt man die überstehende Lösung vorsichtig ab.
- Beim Filterkaffee wird kochendes Wasser auf das Kaffeepulver gegossen. ► 1
  Der fertige Kaffee fließt durch die Poren des Filters in die Kanne, der Kaffeesatz bleibt im Filter. ► 3

Lösungen trennen. Schon beim Aufzeigen des Zuckergehalts in Cola (► S. 8) wurde das Lösemittel Wasser vom gelösten Rest getrennt. Das Wasser wurde verdampft und war anschließend „weg".
Oft möchte man aber das Lösemittel wieder auffangen. Das gelingt durch **Destillation**. ► 4
Aus einer Lösung lassen sich manche gelösten Stoffe auch abtrennen, wenn man einen zusätzlichen Stoff hinzufügt, der den betreffenden Stoff aufnimmt. Dieses Verfahren nennt man **Adsorption**.

Experiment 1

Entfärben von Cola

Materialien: 2 Reagenzgläser, Reagenzglasklammer und -gestell, Spatel, Trichter, Filterpapier, Gasbrenner, Cola, Aktivkohle p. A. von Riedel de Haën (31616)

Gib in ein Reagenzglas 4 cm hoch Cola. Füge einen Spatel Aktivkohle hinzu und erwärme die Lösung 2 min lang über der Sparflamme. Filtriere anschließend das Gemisch. Notiere deine Beobachtungen und erkläre sie.

[A] Aufgaben

1. Erkläre, warum das Filtrieren einer Suspension am Anfang meist recht schnell geht, dann aber immer langsamer wird.
2. Erkläre den Vorgang einer Destillation. Verwende dazu die entsprechenden Fachbegriffe.
3. Die Destillation wird großtechnisch zur Meerwasserentsalzung eingesetzt. Erkundige dich, in welchen Ländern und aus welchem Grund dies geschieht.
4. Aktivkohle wird auch für medizinische Zwecke eingesetzt. Recherchiere im Internet, wozu und in welchen Fällen sie genutzt wird.

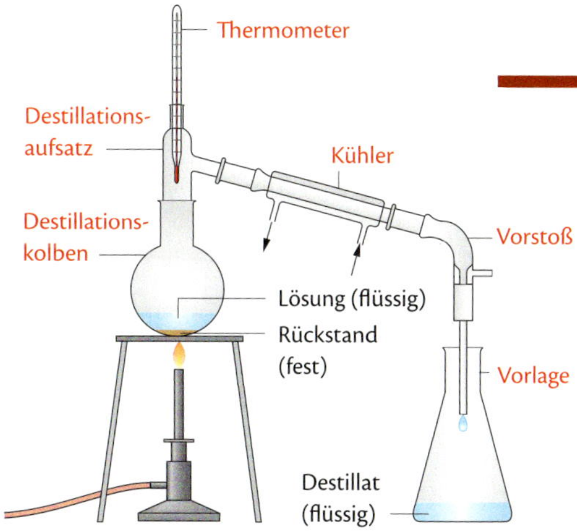

3 – 4 Beim Filtrieren (links) und beim Destillieren (rechts) gibt es für die Geräte (rot) und die Stoffe (schwarz) besondere Bezeichnungen.

5 – 6 Flusswasser wird durch „naturtrübes" Schmelzwasser (oben) oder durch Abwasser (unten) trüb.

Trübes Wasser. Das Wasser in Bächen und Flüssen sollte eigentlich durchsichtig bzw. klar sein. Oft ist es jedoch undurchsichtig bzw. trüb. Ursache dafür sind feste Bestandteile, die sich im Wasser nicht lösen, sondern eine Suspension bilden. Als Trinkwasser ist solches Wasser ungeeignet. Abwasser enthält oft umweltschädliche Bestandteile. Das meiste Abwasser wird daher, bevor es in Flüsse geleitet wird, in Klärwerken gereinigt.

i Info

Trinkwasser ist das am schärfsten überwachte Lebensmittel. Es muss durchsichtig, farblos und geruchlos sein sowie einen neutralen Geschmack haben. Gelöste Stoffe dürfen bestimmte Konzentrationen nicht überschreiten. Das natürlich vorkommende Wasser muss daher in Wasserwerken gereinigt werden.

Experiment 2

Gewinnung von Trinkwasser?

Gruppenarbeit

Besorgt euch Wasserproben aus Flüssen und Seen. Entwickelt mehrere Möglichkeiten und Apparaturen, mit denen man daraus Trinkwasser herstellen könnte. Welches Verfahren ergäbe das beste Ergebnis?

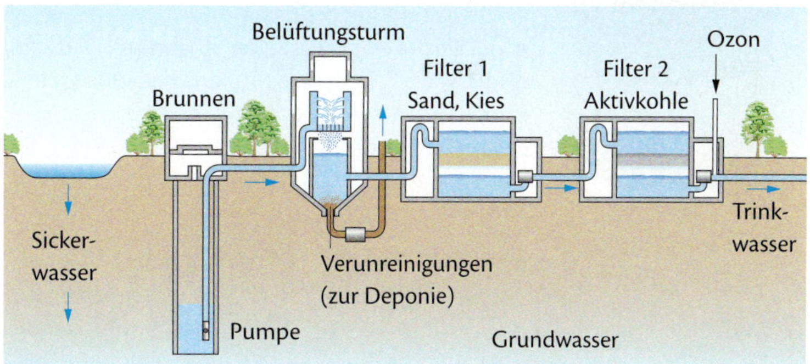

7 So funktioniert ein Wasserwerk.

Experiment 3

Gewinnung von Speisesalz?

Gruppenarbeit

Besorgt euch Streusalz und entwickelt Verfahren, mit denen man daraus Speisesalz herstellen könnte.

Unreines Salz. Steinsalz kann eine Reihe von Stoffen enthalten, z. B. Sand, Ton oder Gips. Im Speisesalz dürfen diese Stoffe nicht mehr vorhanden sein und müssen daher aus dem Steinsalz entfernt werden.

Streusalz ist normalerweise ungereinigtes Steinsalz. Im Winter verwendet man es zum Auftauen von vereisten Straßen. Man kann daraus aber auch Speisesalz herstellen.

8 Steinsalzbrocken aus dem Bergwerk enthalten oft Einlagerungen.

[A] Aufgaben

5. Erkläre, wie ein Wasserwerk funktioniert. Hole dir dazu Informationen aus Büchern oder dem Internet. Benenne das jeweilige Trennverfahren.

6. Recherchiere die Funktionsweise eines Klärwerks. Erstelle dazu eine schematische Skizze und erkläre die verschiedenen Reinigungsstufen.

7. Speisesalz besteht aus Kochsalz und anderen in Wasser löslichen Stoffen. Recherchiere, welche das sind.

8. In Salinen wird Speisesalz gewonnen. Beschreibe das Verfahren und erstelle eine schematische Ablaufskizze.

Die Dosis macht's

1 Was meinst du?

Schadet Zucker der Gesundheit? Menschen haben zu allen Zeiten nach süßen Stoffen gesucht. Die Natur liefert Zucker z. B. im Honig und in süßen Früchten. ► 2 Heute wird die Lust auf Süßes vor allem durch Zucker befriedigt, der industriell hergestellt wird.

Cola enthält viel Zucker, andere Soft Drinks teilweise noch mehr. Weitere „Zuckerschleudern" sind fast alle Marmeladen und natürlich die vielen Süßigkeiten. Sogar manche Lebensmittel, die keine Süßigkeiten sind, z. B. Gewürzgurken, enthalten Zucker.

Glucose ist ein wichtiger Energiespender und bringt den Körper auf Trab. Auch die Leistung des Gehirns wird davon angeregt. Der tägliche Bedarf von etwa 300 g wird bei gesunder Ernährung vollständig über stärkehaltige Lebensmittel, wie z. B. Brot, Nudeln, Kartoffeln und Gemüse, gedeckt. Zusätzlicher Zucker in Form von Saccharose oder Glucose ist eigentlich nicht nötig. Zu viel Zucker ist sogar schädlich! Auch für Zucker gilt also der nebenstehende Satz von Paracelsus.

Historisches

Philippus Theophrastus Aureolus Bombastus von Hohenheim, (1493 – 1541), der sich selbst **Paracelsus** nannte, war Arzt, Alchemist, Astrologe, Mystiker, Laientheologe und Philosoph.

Von ihm stammt der berühmte Satz: „All Ding' sind Gift und nichts ohn' Gift; allein die Dosis macht, dass ein Ding kein Gift ist."

100 g Lebensmittel, davon Zucker	
Fanta	12 g
Apfelsaft	12 g
Cola	11 g
Karamellbonbons	84 g
Instant-Kakaopulver	75 g
Marmelade	70 g
Vollmilchschokolade	52 g
Gummibärchen	50 g
Schokowaffeln	35 g
Tomatenketchup	34 g
Kekse	27 g
Nuss-Nougat-Creme	21 g
Götterspeise	18 g
Fruchtjoghurt	16 g

[A] Aufgaben

1. Suche auf Lebensmitteletiketten nach verstecktem Zucker und notiere die betreffenden Produkte.
2. Recherchiere in Büchern oder im Internet, welche negativen Folgen zu viel Zucker auf den menschlichen Körper haben kann.
3. Wie viel Cola oder eines vergleichbaren zuckerhaltigen Getränks trinkst du pro Woche? Berechne, wie viele Gummibärchen oder wie viel Ketchup du täglich essen müsstest, um auf dieselbe Menge Zucker zu kommen.

i Info

Wenn auf einem Lebensmitteletikett „Zucker" steht, ist damit nur Saccharose gemeint. Viele Produkte enthalten jedoch noch weiteren Zucker, der sich unter Bezeichnungen wie „Glucosesirup", „Dextrose" oder „Invertzuckersirup" versteckt. Dextrose ist dasselbe wie Glucose, Invertzucker ist eine Mischung aus Glucose und Fructose.

2 Honig enthält große Mengen Zucker.

3 Das „Mordgift" Aconitin aus dem Blauen Eisenhut ist ab einer Dosis von 5 mg tödlich. Trotzdem nutzt die chinesische Medizin es in kleinsten Mengen gegen Rheuma und Erkältungen.

4 Zimtsterne können gefährlich große Mengen des Stoffs Cumarin enthalten.

Experiment 1

Zersetzt Cola Fleisch?

Experiment für zu Hause

Die im Handel befindliche Phosphorsäure ist stark ätzend. In dieser Konzentration ist sie gesundheitsgefährdend. Obwohl die Konzentration von Phosphorsäure in Cola viel geringer ist, wird Cola verdächtigt, Fleisch aufzulösen und daher die Magenwände zu schädigen. Überprüfe diesen Verdacht! Lege dazu ein Stückchen Fleisch in Cola und lass das Ganze einige Tage stehen.

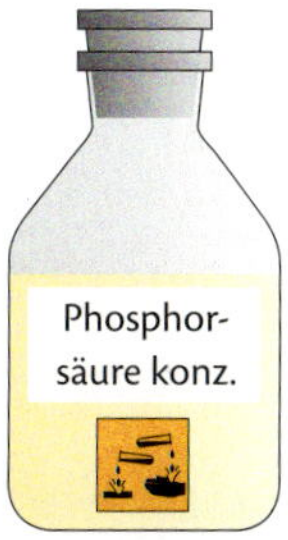

Experiment 2

Bis zu welcher Verdünnung ist ein Stoff nachweisbar?

Materialien: 6 Reagenzgläser, Reagenzglasgestell, Messzylinder (10 mL), Messzylinder (100 mL), Spatel, Cola, dest. Wasser, Tropfflasche mit Molybdatlösung, Ascorbinsäure

Fülle ein Reagenzglas etwa 1 cm hoch mit Cola und verdünne mit derselben Menge Wasser. Ein weiteres Reagenzglas wird 2 cm hoch mit Wasser gefüllt. Gib anschließend in jedes Reagenzglas 10 Tropfen Molybdatlösung und eine Spatelspitze Ascorbinsäure hinzu. Schüttle um und lass die Lösungen etwa 1 min stehen.

Wiederhole den Versuch, indem du die Cola im Verhältnis 1:10 immer weiter verdünnst. Notiere deine Beobachtungen und berechne die Konzentration der Phosphorsäure, die noch nachweisbar ist.

Experiment 3

Die Chemie ist besser als jeder Vorkoster

Experiment für zu Hause

Verdünne Cola bis zu der Konzentration, bei der du die Phosphorsäure in Experiment 2 noch nachweisen konntest. Vergleiche (zu Hause!) Geschmack und Aussehen dieser Lösung mit reinem Wasser.

i Info

Zimtsterne sind lecker! Seit einigen Jahren ist jedoch bekannt, dass der im Zimt enthaltene Stoff Cumarin schon in geringen Mengen gesundheitsschädlich ist. Laut Aromaverordnung darf ein Kilogramm Lebensmittel höchstens zwei Milligramm Cumarin enthalten. In manchen Produkten wird dieser Grenzwert um das 40-Fache überschritten. Kleinkinder sollten pro Tag höchstens drei Zimtsterne essen. Auch z. B. Kinderpunsch oder Milchreis mit Zimt können Cumarin enthalten.

[A] Aufgaben

4. Warum gibt es auf Lebensmitteletiketten oft den Warnhinweis „Kann Spuren von Erdnüssen enthalten"?

5. Es gibt zwei verschiedene Zimtsorten. Recherchiere im Internet, welche der beiden Zimtsorten besonders gefährlich ist und warum. Welche gesundheitlichen Schäden können durch Cumarin entstehen?

Merke

Stoffe wie Phosphorsäure, Aconitin oder Cumarin können nützlich oder schmackhaft sein. In höherer Dosis sind sie aber Gifte.

Stoffe werden unsichtbar

1 Betrachte ein Stück Kandiszucker! Du wirst feststellen, dass es eine bestimmte Form hat, die du auch bei anderen Zuckerstücken wiederfindest, z. B. auch hier unter dem Mikroskop.

Experiment 1

Wie sieht zerkleinerter Zucker aus?

Betrachte die Form der Kristalle von Haushaltszucker durch eine Lupe. Zerreibe etwas Zucker zu feinem Pulver und betrachte einige Körnchen durch ein Mikroskop. Was fällt dir auf?

Experiment 2

Was meinst du: Kann ein Stoff verschwinden?

Experiment für zu Hause

Lege ein Stück Kandiszucker in ein Glas mit Wasser. Beobachte genau, wie sich der Zucker löst, und notiere deine Beobachtungen. Entwickle verschiedene Versuche, um zu untersuchen, ob der Zucker nun verschwunden ist oder nicht.

Experiment 3

Kann man Stoffe wieder sichtbar machen?

Fülle ein Trinkglas etwa 2 cm hoch mit Wasser und löse darin so viel Zucker, bis sich nichts mehr löst und ein Bodensatz von ungelöstem Zucker übrig bleibt.

Dekantiere die überstehende Lösung in eine flache Glasschale und lass diese einige Tage an einem warmen Ort stehen.

Betrachte den Boden der Glasschale mit einer Lupe und erkläre, was du siehst.

Experiment 4

Wie kommt das Wasser an den Teller?

Bedecke den Boden einer Pfanne mit Eiswürfeln und erhitze langsam, bis Dampf aufsteigt. Halte dann einen Glasteller über die Pfanne. Beobachte von Anfang an alle Veränderungen und notiere sie. Entwickle Vorstellungen, um zu erklären, wie das Wasser an den Teller kommt.

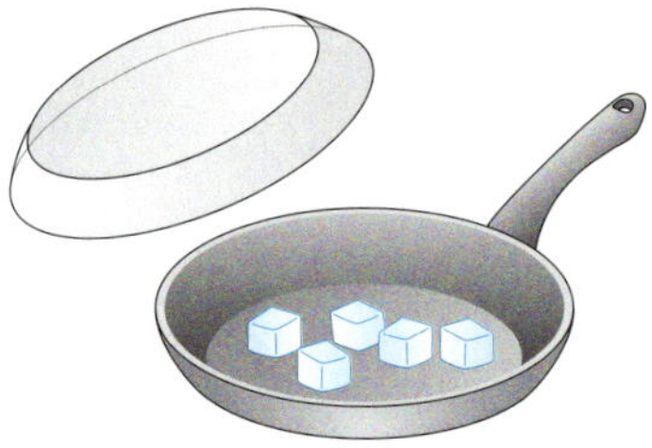

Info

Essigsäure kann man riechen und schmecken. Bei einer Temperatur von 20 °C ist reine Essigsäure – so wie Wasser – eine farblose, klare Flüssigkeit. Der im Haushalt verwendete Essig ist eine 5%ige Lösung von Essigsäure in Wasser.

[A] Aufgaben

1. Was geschieht mit einem Zuckerkristall beim Auflösen in Wasser? Diskutiere diesen Vorgang und stelle ihn durch eine Folge mehrerer Zeichnungen dar.
2. Versuche zu erklären, warum sich flüssiges Wasser der Form einer Pfanne anpasst und festes Wasser nicht.
3. Diskutiere mit anderen die Frage, auf welche Weise der Geruch von Essigsäure an deine Nase kommt. Fertige dazu eine Skizze an.

2 *Was meinst du?*

Modelle. Kein Mensch hat jemals Dinosaurier gesehen, weil sie längst ausgestorben sind. Trotzdem hat man aus vielen Einzelheiten, z. B. aus Knochenfunden, Denkmodelle entwickelt, wie sie ausgesehen haben könnten.
Neben solchen **Denkmodellen** gibt es auch Realmodelle, die man anhand eines sichtbaren Originals zeichnen oder bauen kann.
Das Ergebnis ist z. B. eine Modelleisenbahn. ► 3
Gegenüber der Realität weisen **Realmodelle** große Unterschiede auf. Sie sind nicht nur verkleinert (oder vergrößert), sondern auch stark vereinfacht. Dies gilt für Denkmodelle erst recht. Dennoch können Modelle helfen, bestimmte Eigenschaften des Originals zu verstehen.

3 *Modellwelt mit Modelleisenbahn*

[A] Aufgaben

4. Notiere weitere Beispiele von Denkmodellen und Realmodellen.

5. Ordne folgende Modelle zu:

Auge

Engel

Auto

Hexe

6. Die folgenden Modelle zeigen typische Eigenschaften von Lokomotiven.

Diskutiere die Unterschiede zwischen beiden Modellen im Vergleich zum Original. Welchen Vorteil hat das rechte Modell gegenüber dem links abgebildeten Modell?

Und nun zurück zu der Zuckerlösung!
Eine Zuckerlösung schmeckt nach Zucker und enthält eben auch Zucker. Man kann den gelösten Zucker aber nicht sehen, auch nicht unter dem Mikroskop. Welche Modelle gibt es, um eine Zuckerlösung zu verstehen? Welche Bilder oder Zeichnungen gibt es in der Chemie, um Zuckerlösung zu beschreiben?

Anhang

Gefahrensymbole, Kennbuchstaben und Gefahrenbezeichnungen (Auswahl)

Die Gefahrenbezeichnungen werden durch die R-Sätze für die einzelnen Stoffe präzisiert (siehe unten).

T

Giftige Stoffe (sehr giftige Stoffe T+) verursachen durch Einatmen, Verschlucken oder Aufnahme durch die Haut meist erhebliche Gesundheitsschäden oder gar den Tod.
Was tun? Nicht direkt berühren! Unwohlsein sofort der Lehrkraft melden!

Xn

Gesundheitsschädliche Stoffe können durch Einatmen, Verschlucken oder Aufnahme durch die Haut gesundheitsschädigend wirken.
Was tun? Nicht direkt berühren! Unwohlsein sofort der Lehrkraft melden!

C

Ätzende Stoffe zerstören das Hautgewebe oder die Oberfläche von Gegenständen.
Was tun? Berührung mit der Haut, Augen und Kleidung vermeiden! Dämpfe nicht einatmen!

Xi

Reizende Stoffe haben Reizwirkung auf Haut, Augen und Atmungsorgane.
Was tun? Berührung mit Haut, Augen und Atmungsorganen vermeiden! Nicht einatmen!

F

Leicht entzündliche Stoffe (hochentzündliche Stoffe F+) entzünden sich von selbst an heißen Gegenständen.
Zu ihnen gehören selbstentzündliche Stoffe, leicht entzündliche gasförmige Stoffe, brennbare Flüssigkeiten und Stoffe, die mit Feuchtigkeit brennbare Gase bilden.
Was tun? Vorsicht beim Umgang mit offenen Flammen und Wärmequellen! Keine Berührung mit brandfördernden Stoffen!

O

Brandfördernde Stoffe können brennbare Stoffe entzünden oder ausgebrochene Brände fördern.
Was tun? Kontakt mit brennbaren Stoffen vermeiden!

E

Explosionsgefährliche Stoffe können unter bestimmten Bedingungen explodieren.
Was tun? Schlag, Stoß, Reibung, Funkenbildung und Hitzeeinwirkung vermeiden!

N

Umweltgefährliche Stoffe sind sehr giftig, giftig oder schädlich für Wasserorganismen und können in Gewässern längerfristig schädliche Wirkungen haben. In der nichtaquatischen Umwelt sind sie giftig für Pflanzen, Tiere, Bodenorganismen und Bienen, können auf die Umwelt längerfristig schädliche Wirkungen haben und für die Ozonschicht gefährlich sein.
Was tun? Freisetzung der Stoffe in die Umwelt vermeiden, Stoffe der Problemabfallentsorgung zuführen!

Gefahrenhinweise (R-Sätze)

R 1 In trockenem Zustand explosionsgefährlich
R 2 Durch Schlag, Reibung, Feuer oder andere Zündquellen explosionsgefährlich
R 3 Durch Schlag, Reibung, Feuer oder andere Zündquellen besonders explosionsgefährlich
R 4 Bildet hochempfindliche explosionsgefährliche Metallverbindungen
R 5 Beim Erwärmen explosionsfähig
R 6 Mit und ohne Luft explosionsfähig
R 7 Kann Brand verursachen
R 8 Feuergefahr bei Berührung mit brennbaren Stoffen
R 9 Explosionsgefahr bei Mischung mit brennbaren Stoffen
R 10 Entzündlich
R 11 Leichtentzündlich
R 12 Hochentzündlich
R 14 Reagiert heftig mit Wasser
R 15 Reagiert mit Wasser unter Bildung hochentzündlicher Gase
R 16 Explosionsgefährlich in Mischung mit brandfördernden Stoffen
R 17 Selbstentzündlich an der Luft
R 18 Bei Gebrauch Bildung explosionsfähiger / leichtentzündlicher Dampf-Luft-Gemische möglich
R 19 Kann explosionsfähige Peroxide bilden
R 20 Gesundheitsschädlich beim Einatmen
R 21 Gesundheitsschädlich bei Berührung mit der Haut
R 22 Gesundheitsschädlich beim Verschlucken
R 23 Giftig beim Einatmen
R 24 Giftig bei Berührung mit der Haut
R 25 Giftig beim Verschlucken
R 26 Sehr giftig beim Einatmen
R 27 Sehr giftig bei Berührung mit der Haut
R 28 Sehr giftig beim Verschlucken
R 29 Entwickelt bei Berührung mit Wasser giftige Gase
R 30 Kann bei Gebrauch leichtentzündlich werden
R 31 Entwickelt bei Berührung mit Säure giftige Gase
R 32 Entwickelt bei Berührung mit Säure sehr giftige Gase
R 33 Gefahr kumulativer Wirkungen
R 34 Verursacht Verätzungen
R 35 Verursacht schwere Verätzungen
R 36 Reizt die Augen
R 37 Reizt die Atmungsorgane
R 38 Reizt die Haut
R 39 Ernste Gefahr irreversiblen Schadens
R 40 Verdacht auf krebserzeugende Wirkung
R 41 Gefahr ernster Augenschäden
R 42 Sensibilisierung durch Einatmen möglich
R 43 Sensibilisierung durch Hautkontakt möglich
R 44 Explosionsgefahr bei Erhitzen unter Einschluss
R 45 Kann Krebs erzeugen
R 46 Kann vererbbare Schäden verursachen
R 48 Gefahr ernster Gesundheitsschäden bei längerer Exposition
R 49 Kann Krebs erzeugen beim Einatmen
R 50 Sehr giftig für Wasserorganismen
R 51 Giftig für Wasserorganismen
R 52 Schädlich für Wasserorganismen
R 53 Kann in Gewässern längerfristig schädliche Wirkungen haben
R 54 Giftig für Pflanzen
R 55 Giftig für Tiere
R 56 Giftig für Bodenorganismen
R 57 Giftig für Bienen
R 58 Kann längerfristig schädliche Wirkungen auf die Umwelt haben
R 59 Gefährlich für die Ozonschicht
R 60 Kann die Fortpflanzungsfähigkeit beeinträchtigen
R 61 Kann das Kind im Mutterleib schädigen
R 62 Kann möglicherweise die Fortpflanzungsfähigkeit beeinträchtigen
R 63 Kann das Kind im Mutterleib möglicherweise schädigen
R 64 Kann Säuglinge über die Muttermilch schädigen
R 65 Gesundheitsschädlich: kann beim Verschlucken Lungenschäden verursachen
R 66 Wiederholter Kontakt kann zu spröder und rissiger Haut führen
R 67 Dämpfe können Schläfrigkeit und Benommenheit verursachen
R 68 Irreversibler Schaden möglich

Kombination der R-Sätze (Auswahl)

R 14/15 Reagiert heftig mit Wasser unter Bildung hochentzündlicher Gase
R 20/22 Gesundheitsschädlich beim Einatmen und Verschlucken
R 20/21/22 Gesundheitsschädlich beim Einatmen, Verschlucken und bei Berührung mit der Haut
R 21/22 Gesundheitsschädlich bei Berührung mit der Haut und beim Verschlucken
R 23/25 Giftig beim Einatmen und beim Verschlucken
R 23/24/25 Giftig beim Einatmen, Verschlucken und bei Berührung mit der Haut
R 24/25 Giftig bei Berührung mit der Haut und beim Verschlucken
R 36/37 Reizt die Augen und die Atmungsorgane
R 36/38 Reizt die Augen und die Haut
R 36/37/38 Reizt die Augen, Atmungsorgane und die Haut
R 50/53 Sehr giftig für Wasserorganismen, kann in Gewässern längerfristig schädliche Wirkungen haben
R 51/53 Giftig für Wasserorganismen, kann in Gewässern längerfristig schädliche Wirkungen haben
R 52/53 Schädlich für Wasserorganismen, kann in Gewässern längerfristig schädliche Wirkungen haben

Sicherheitsratschläge (S-Sätze)

S 1 Unter Verschluss aufbewahren
S 2 Darf nicht in die Hände von Kindern gelangen
S 3 Kühl aufbewahren
S 4 Von Wohnplätzen fernhalten
S 5 Unter ... aufbewahren (geeignete Flüssigkeit vom Hersteller anzugeben)
S 6 Unter ... aufbewahren (inertes Gas vom Hersteller anzugeben)
S 7 Behälter dicht geschlossen halten
S 8 Behälter trocken halten
S 9 Behälter an einem gut gelüfteten Ort aufbewahren
S 12 Behälter nicht gasdicht verschließen
S 13 Von Nahrungsmitteln, Getränken und Futtermitteln fernhalten
S 14 Von ... fernhalten (inkompatible Substanzen sind vom Hersteller anzugeben)
S 15 Vor Hitze schützen
S 16 Von Zündquellen fernhalten – Nicht rauchen
S 17 Von brennbaren Stoffen fernhalten
S 18 Behälter mit Vorsicht öffnen und handhaben
S 20 Bei der Arbeit nicht essen und trinken
S 21 Bei der Arbeit nicht rauchen
S 22 Staub nicht einatmen
S 23 Gas/Rauch/Dampf/Aerosol nicht einatmen (geeignete Bezeichnung[en] vom Hersteller anzugeben)
S 24 Berührung mit der Haut vermeiden
S 25 Berührung mit den Augen vermeiden
S 26 Bei Berührung mit den Augen sofort gründlich mit Wasser abspülen und Arzt konsultieren
S 27 Beschmutzte, getränkte Kleidung sofort ausziehen
S 28 Bei Berührung mit der Haut sofort abwaschen mit viel ... (vom Hersteller anzugeben)
S 29 Nicht in die Kanalisation gelangen lassen
S 30 Niemals Wasser hinzugießen
S 33 Maßnahmen gegen elektrostatische Aufladungen treffen
S 35 Abfälle und Behälter müssen in gesicherter Weise beseitigt werden
S 36 Bei der Arbeit geeignete Schutzkleidung tragen
S 37 Geeignete Schutzhandschuhe tragen
S 38 Bei unzureichender Belüftung Atemschutzgerät anlegen
S 39 Schutzbrille/Gesichtsschutz tragen
S 40 Fußboden und verunreinigte Gegenstände mit ... reinigen (Material vom Hersteller anzugeben)
S 41 Explosions- und Brandgase nicht einatmen
S 42 Bei Räuchern/Versprühen geeignetes Atemschutzgerät anlegen (geeignete Bezeichnung[en] vom Hersteller anzugeben)
S 43 Zum Löschen ... (vom Hersteller anzugeben) verwenden (wenn Wasser die Gefahr erhöht, anfügen: „Kein Wasser verwenden")
S 45 Bei Unfall oder Unwohlsein sofort Arzt hinzuziehen (wenn möglich, dieses Etikett vorzeigen)
S 46 Bei Verschlucken sofort ärztlichen Rat einholen und Verpackung oder Etikett vorzeigen
S 47 Nicht bei Temperaturen über ... °C aufbewahren (vom Hersteller anzugeben)
S 48 Feucht halten mit ... (geeignetes Mittel vom Hersteller anzugeben)
S 49 Nur im Originalbehälter aufbewahren
S 50 Nicht mischen mit ... (vom Hersteller anzugeben)
S 51 Nur in gut gelüfteten Bereichen verwenden
S 52 Nicht großflächig für Wohn- und Aufenthaltsräume verwenden
S 53 Exposition vermeiden – vor Gebrauch besondere Anweisungen einholen
S 56 Dieses Produkt und seinen Behälter der Problemabfallentsorgung zuführen
S 57 Zur Vermeidung einer Kontamination der Umwelt geeigneten Behälter verwenden
S 59 Information zur Wiederverwendung/Wiederverwertung beim Hersteller/Lieferanten erfragen
S 60 Dieses Produkt und sein Behälter sind als gefährlicher Abfall zu entsorgen
S 61 Freisetzung in die Umwelt vermeiden. Besondere Anweisungen einholen/Sicherheitsdatenblatt zurate ziehen
S 62 Bei Verschlucken kein Erbrechen herbeiführen. Sofort ärztlichen Rat einholen und Verpackung oder dieses Etikett vorzeigen
S 63 Bei Unfall durch Einatmen: Verunfallten an die frische Luft bringen und ruhig stellen
S 64 Bei Verschlucken Mund mit Wasser ausspülen (nur wenn Verunfallter bei Bewusstsein ist)

Kombination der S-Sätze (Auswahl)

S 1/2 Unter Verschluss und für Kinder unzugänglich aufbewahren
S 3/7 Behälter dicht geschlossen halten und an einem kühlen Ort aufbewahren
S 3/9 Behälter an einem kühlen, gut gelüfteten Ort aufbewahren
S 3/9/14 An einem kühlen, gut gelüfteten Ort, entfernt von ... aufbewahren (die Stoffe, mit denen Kontakt vermieden werden muss, sind vom Hersteller anzugeben)
S 3/9/14/49 Nur im Originalbehälter an einem kühlen, gut gelüfteten Ort, entfernt von ... aufbewahren (die Stoffe, mit denen Kontakt vermieden werden muss, sind vom Hersteller anzugeben)
S 3/9/49 Nur im Originalbehälter an einem kühlen, gut gelüfteten Ort aufbewahren
S 3/14 An einem kühlen, von ... entfernten Ort aufbewahren (die Stoffe, mit denen Kontakt vermieden werden muss, sind vom Hersteller anzugeben)
S 7/8 Behälter trocken und dicht geschlossen halten
S 7/9 Behälter dicht geschlossen an einem gut gelüfteten Ort aufbewahren
S 7/47 Behälter dicht geschlossen und nicht bei Temperatur über ... °C aufbewahren (vom Hersteller anzugeben)
S 20/21 Bei der Arbeit nicht essen, trinken oder rauchen
S 24/25 Berührung mit den Augen und der Haut vermeiden
S 29/56 Nicht in die Kanalisation gelangen lassen; dieses Produkt und seinen Behälter der Problemabfallentsorgung zuführen
S 36/37 Bei der Arbeit geeignete Schutzhandschuhe und Schutzkleidung tragen
S 36/37/39 Bei der Arbeit geeignete Schutzhandschuhe, Schutzkleidung und Schutzbrille/Gesichtsschutz tragen
S 36/39 Bei der Arbeit geeignete Schutzkleidung und Schutzbrille/Gesichtsschutz tragen
S 37/39 Bei der Arbeit geeignete Schutzhandschuhe und Schutzbrille/Gesichtsschutz tragen

Hinweise zur Arbeit mit Gefahrstoffen

Beim Arbeiten mit Chemikalien sind die geltenden Rechtsvorschriften (Chemikaliengesetz, Gefahrstoffverordnung, Technische Regeln für den Umgang mit Gefahrstoffen, Arbeits- und Unfallschutzvorschriften) einzuhalten. Dies gilt in gleichem Maße für die Entsorgung der beim Arbeiten anfallenden Gefahrstoffabfälle; das grundlegende Gesetz hierfür ist das Kreislaufwirtschafts- und Abfallgesetz.

Alle in diesem Buch bei Experimenten angeführten Gefahrstoffe werden in einer Liste, Seite 44 f., mit den jeweils zutreffenden R-, S- und E-Sätzen aufgeführt. Die Übersicht zur Entsorgung von Gefahrstoffabfällen, Seite 41, stellt den prinzipiellen Ablauf der Behandlung und des Sammelns bis zur Entsorgung sowie der Übergabe der Gefahrstoffabfälle zur Sondermüllentsorgung dar. Die Behandlung und das Sammeln der Abfälle setzt solide Kenntnisse der Lehrerinnen und Lehrer voraus. Daher kann die Übersicht nur eine Orientierungshilfe sein.

Anhang

Liste der verwendeten Gefahrstoffe

Gefahrstoff	Kennbuchstabe	R-Sätze	S-Sätze	E-Sätze
Alkohol	F	11	2-7-16	1-10
Brennspiritus	F	11	2-7-26	1-10
Cobaltchloridlösung	T, N	22-42/43-49-50/53	2-22-45-53-60-61	8-16
Natronlauge, verdünnt	Xi	26/38	26	1
Phosphorsäure, verdünnt	Xi	36/38	25	1

Glossar

Aktivkohle
Aktivkohle ist eine feinkörnige Kohle, die aufgrund zahlreicher Poren eine äußerst große innere Oberfläche hat. Zahlreiche Stoffe können sich in die Poren einlagern. Daher wird Aktivkohle als Adsorptionsmittel verwendet, z. B. um unerwünschte Farb-, Geruchs- oder Geschmacksstoffe aus Lebensmitteln zu entfernen.

Alkohol
Alkohol sieht aus wie Wasser, besteht aber aus anderen Bausteinen: Während Wasserbausteine aus einem Sauerstoff- und zwei Wasserstoffatomen bestehen, setzen sich Alkoholbausteine aus zwei Kohlenstoff-, einem Sauerstoff- und sechs Wasserstoffatomen zusammen. Wasser und Alkohol sind also ganz unterschiedliche Stoffe, z. B. mit unterschiedlichen Dichten oder Schmelztemperaturen. Während der menschliche Körper zu etwa 70 % aus Wasser besteht, ist bereits eine Konzentration von etwa 0,4 % Alkohol im Körper tödlich.

Blausäure
Blausäure ist bei Raumtemperatur flüssig, farblos bis leicht gelblich, brennbar, nur sehr schwach sauer, aber sehr giftig: Eine Dosis von 100 mg ist tödlich. Der Geruch von Blausäure erinnert an bittere Mandeln.

Destilliertes Wasser
Leitungswasser ist ein Stoffgemisch, das neben Wasser auch z. B. gelöste Salze enthält. Wenn man Leitungswasser bis zum Kochen erhitzt, steigt reiner Wasserdampf auf und die gelösten Salze verbleiben in der Flüssigkeit. Lässt man den reinen Wasserdampf wieder kondensieren (führt man also eine Destillation durch), so erhält man flüssiges Wasser als Reinstoff.

Gaschromatograph
Stoffgemische werden in einen Gaschromatographen gegeben, um sie aufzuspalten und die einzelnen Bestandteile des Gemischs nachzuweisen. Die einzelnen Bestandteile brauchen nämlich unterschiedlich viel Zeit, um den Gaschromatographen zu durchlaufen, wodurch sich das Gemisch auftrennt.

„Glykol"
Diethylenglykol ist eine Industriechemikalie, die vor allem als Frostschutzmittel, bei der Kunststoffherstellung und als Lösemittel verwendet wird. Die süßlich schmeckende Substanz ist gesundheitsschädlich und kann in hoher Dosis auch tödlich sein.

Honig
Honig besteht vor allem aus Fructose, Glucose und Wasser. Daneben enthält er in kleineren Mengen zahlreiche weitere für die Ernährung wertvolle Stoffe, z. B. Mineralstoffe und Vitamine.

Koffein
Koffein ist als Reinstoff ein weißes Pulver, das sechseckige Kristalle bildet. Es wird von mehreren Pflanzen gebildet, z. B. in den Blättern von Tee- und Matesträuchern sowie in den Samen von Kaffeesträuchern und Kolabäumen. Koffein wirkt in geringen Mengen stimulierend auf den menschlichen Körper. Ab einer Dosis von etwa 10 g ist es tödlich.

Kohlenstoffdioxid
Kohlenstoffdioxid entsteht z. B. bei der Verbrennung von Holz, Kohle, Erdöl oder Erdgas. Vor 200 Jahren enthielt die Atmosphäre nur 0,028 % Kohlenstoffdioxid. Vor allem durch das Verbrennen von Kohle, Erdöl und Erdgas sowie durch Brandrodung von Wäldern enthält unsere Lufthülle inzwischen 0,039 % Kohlenstoffdioxid. Dies dürfte zu einer Klimaerwärmung führen, da Kohlenstoffdioxid die Abstrahlung von Wärme ins Weltall verringert. Kohlenstoffdioxid ist also am sogenannten Treibhauseffekt beteiligt.

Kokain
Kokain ist eine hochgefährliche Rauschdroge, die aus den Blättern des südamerikanischen Cocastrauchs gewonnen wird. Je nach Art der Aufnahme können schon 30 mg tödlich sein. Früher waren Spuren davon in Coca-Cola enthalten.

Kolabaum
Dieser bis zu 20 m hohe Baum stammt ursprünglich aus dem tropischen Westafrika und wird heute in mehreren tropischen Ländern angebaut. Neben seinem Holz werden vor allem die koffeinhaltigen Kolanüsse genutzt, z. B. zur Herstellung von Colagetränken.

Kristallformen
Viele Feststoffe, z. B. Zucker, bestehen aus Kristallen mit glatten Seitenflächen und bestimmten Winkeln. In der Naturwissenschaft nimmt man an, dass solche Feststoffe aus dicht gepackten, gleichmäßig angeordneten Bausteinen bestehen. Im Modellversuch kann man nämlich z. B. eine große Zahl von Murmeln dicht packen und aufhäufen. Damit erhält man dann einen pyramidenförmigen „Kristall" mit glatten Seitenflächen und bestimmten Winkeln.

Legierungen
Legierungen sind homogene Stoffgemische, die metallischen Charakter aufweisen und bei denen mindestens ein Mischungsbestandteil ein Metall ist. Messing etwa ist eine Legierung aus Kupfer und Zink.

Leitungswasser
Leitungswasser ist ein Stoffgemisch, das neben Wasser vor allem gelöste Mineralien bzw. Salze (z. B. Carbonate, Chloride) und gelöste Gase (z. B. Sauerstoff, Kohlenstoffdioxid) enthält.
Der Gehalt an Mineralstoffen im Trinkwasser ist durchaus erwünscht und für die Gesundheit wichtig.

Lösungen
Lösungen sind homogene Stoffgemische aus einem Lösemittel und einem oder mehreren gelösten Stoffen.

Öle
Öle sind Flüssigkeiten, die sich nicht mit Wasser mischen und eine geringere Dichte als Wasser aufweisen. Es gibt Pflanzenöle (z. B. Rapsöl) und Mineralöle (z. B. Dieselöl). Alle Öle sind energiereiche, brennbare Stoffe, die zur Energiegewinnung genutzt werden können.

Phosphorsäure
Phosphorsäure ist eine Mineralsäure, die aber nicht ganz so stark sauer ist wie Salzsäure oder Schwefelsäure. Sie spielt bei vielen chemischen Produktionsprozessen eine wichtige Rolle, vor allem bei der Düngerherstellung. Da sie in geringen Mengen ungiftig und nicht ätzend ist, wird sie manchen Nahrungsmitteln als Konservierungs- oder Säuerungsmittel zugesetzt.

Salzsäure
Salzsäure ist eine typische und sehr häufig benutzte Mineralsäure. Mineralsäuren, zu denen auch z. B. die Schwefelsäure gehört, sind bei gleicher Konzentration erheblich stärker und gefährlicher als Fruchtsäuren.

Schwefelsäure
Die Mineralsäure Schwefelsäure ist eine der wichtigsten Industriechemikalien und dient als Rohstoff oder als Hilfsmittel bei zahlreichen chemischen Produktionsprozessen, vor allem bei der Herstellung von Mineraldünger. Die Weltjahresproduktion liegt bei ca. 200 Millionen Tonnen.

Streusalz
Meist verwendet man ungereinigtes Steinsalz als Streusalz, um im Winter vereiste Straßen aufzutauen. Gemische von Salz und Eis schmelzen nämlich nicht bei 0 °C, sondern je nach Zusammensetzung schon bei –20 °C. Das Einstreuen von Salz in den Schnee führt also dazu, dass der Schnee auf der Straße selbst bei leichten Minusgraden schmilzt.

Süßstoffe
Süßstoffe sind Ersatzstoffe für Zucker, die meist industriell hergestellt werden und bei gleicher Menge eine erheblich größere Süßkraft als Saccharose aufweisen. Süßstoffe können bei der Vorbeugung von Karies helfen, da sich Kariesbakterien nicht von ihnen ernähren können.

Versteckte Zucker
Auch Lebensmittel, die gar nicht süß schmecken, z. B. Ketchup oder Gurkenkonserven, können größere Mengen von Zucker enthalten. Oft ist der Zucker auch nicht einmal auf dem Etikett angegeben, sondern verbirgt sich hinter Begriffen wie „Dextrose" oder „Glucosesirup".

Zuckerarten
Glucose besteht aus ringförmigen Bausteinen, die u. a. sechs Kohlenstoffatome enthalten. Fructose besteht aus ähnlich gebauten ringförmigen Bausteinen, die ebenfalls u. a. sechs Kohlenstoffatome enthalten. Saccharose, also unser Haushaltszucker, besteht aus Bausteinen, in denen jeweils ein Glucose- und ein Fructosebaustein miteinander verbunden sind. In unserem Körper kann diese Verbindung bei der Verdauung getrennt werden, sodass dann Glucose und Fructose im Körper vorliegen.

Zuckerkulör
Zuckerkulör ist ein Gemisch verschiedener bräunlicher Stoffe, die beim Erhitzen von zuckerhaltigen Lebensmitteln entstehen. Auch beim Braten oder Backen bilden sich braune Stoffe. Zuckerkulör dient als Lebensmittelfarbstoff.

Anhang

Musterlösungen zu „Teste dich“ (Seite 31)

1. a) Zucker, Kohlenstoffdioxid, Phosphorsäure, Citronensäure, Aromastoffe ...

b) Bei homogenen Stoffgemischen kann man die einzelnen Bestandteile mit dem Auge nicht voneinander unterscheiden, der Stoff erscheint völlig einheitlich.

c) Sand, Granit, Rauch ...

d) Nachweis der Kohlensäure: An eine Flasche mit Cola wird ein Schlauch angeschlossen. Das Ende des Schlauchs taucht in Kalkwasser ein. Wenn die Flasche geschüttelt oder erwärmt wird, entweicht aus der Cola ein Gas, das das Kalkwasser trübt. Diese Trübung von Kalkwasser ist ein Nachweis von Kohlensäure bzw. von Kohlenstoffdioxid.

e) Mit Blindproben testet man, ob ein Nachweis den gesuchten Stoff wirklich erfasst. Dazu gibt man die Nachweislösung zu einer Lösung, die den gesuchten Stoff enthält. An einer Veränderung der Lösung kann man den gesuchten Stoff erkennen. Danach führt man den Test mit einer Probe unbekannter Zusammensetzung durch. Tritt die Änderung genauso auf, wie im vorherigen Versuch, ist der gesuchte Stoff in der Lösung enthalten; tritt keine Veränderung ein, liegt der Stoff in der unbekannten Lösung nicht vor.

f) Eine Dose mit „normaler“ Cola geht in Wasser unter, eine Dose mit Cola light nicht.

2. a) Trinkwasser wird bei uns in der Regel aus Grundwasser gewonnen. Aus einem tiefen Brunnen wird dazu das Wasser an die Erdoberfläche gepumpt, durch mehrere Filter gereinigt und bei Bedarf mit kleinen Mengen an Ozon oder Chlor zur Abtötung von Keimen versetzt.

b) Aus Abwasser könnte man zunächst durch Filtration alle ungelösten Bestandteile entfernen, dann durch Adsorption, Destillation und weitere Trennverfahren reines Wasser erhalten.

c) Die Angabe besagt, dass ein Liter Wasser 50 mg an Natriumbausteinen enthält, die in Wasser gelöst vorliegen.

3. a) In der Luft, Entgasung aus der Erde (z. B. „Hundsgrotte“ in Neapel), bei der Gärung von Traubensaft ...

b) Je höher der Gehalt an Kohlenstoffdioxid in der Atmosphäre ist, umso wärmer wird es auf der Erde (Treibhauseffekt). Es ist daher sinnvoll, möglichst nicht mehr Kohlenstoffdioxid in die Atmosphäre zu bringen (durch Verbrennungsprozesse aller Art) als aus ihr wieder durch die Fotosynthese der Pflanzen entnommen werden kann.

c) Kohlenstoffdioxid ist schwerer als Luft. Leitet man Kohlenstoffdioxid auf ein Feuer, verdrängt es dort die Luft. Ohne Luft (genauer Sauerstoff) kann aber ein Feuer nicht brennen.

4. a) Wasserdampf in der Luft, Salz im Wasser, Kohlenstoffdioxid in der Luft ...

b) Wenn Zucker in Wasser gelangt, bleibt der Zucker in seiner Form nicht erhalten. Offensichtlich zerfällt er in seine kleinen, unsichtbaren Bausteine, die sich im Wasser gleichmäßig verteilen. Man kann sich das auch so vorstellen, dass die kleinen Bausteine des Wassers sich mit den Bausteinen des Zuckers vollständig vermischen – sofern man ihnen dazu genügend Zeit gibt und die Menge an Zucker nicht zu groß ist.

c) Man kann weder die Bausteine von Wasser noch von Zucker sehen. Daher ist das Bild von Bausteinen der Stoffe kein Realmodell, sondern ein Denkmodell.

5. a) Demokrit nahm an, dass man Stoffe nicht soweit teilen könnte, dass am Ende „Nichts“ mehr übrig bleibt. Es muss kleinste Teilchen eines Stoffs geben, die er Atome nannte. Aristoteles dagegen lehnte diese Modellvorstellung ab und sagte, es könne keine Atome geben, zwischen denen sich „Nichts“ befinde.

b) Die Bausteine des Farbstoffs und auch die Wasserbausteine befinden sich ständig in Bewegung, stoßen sich an und verändern ihre Positionen. Diese ständige Bewegung führt dazu, dass die Farbstoffbausteine nach einiger Zeit in der ganzen Flüssigkeit verteilt sind. Es findet also eine Diffusion der Farbstoffbausteine im Wasser statt.

c) Eis, flüssigem Wasser und Wasserdampf ist gemeinsam, dass sie alle aus den gleichen Bausteinen zusammengesetzt sind. Sie unterscheiden sich nur in Anordnung und Entfernung der Bausteine zueinander.

Register

A
Abfallsortieranlagen 19
Abwasser 21
Aconitin 4, 23
Adsorption 20
Aggregatzustände 16 f., 28
Aktivkohle 20, 44
Alkohol 16 f., 44
Aristoteles 26
Ascorbinsäure 15
Atome 26 f., 30
Atomverbände 27
Auslesen von Gemengen 19

B
Bausteine 27, 30
Becherglas 39
Blausäure 16, 44
Blindproben 11
Brausepulver 13
Brown, Robert 28
Bunsenbrenner 39

C
Chromatographie 4, 33
Cola 6 ff., 22 f., 35
Cumarin 23

D
Dalton, John 26 f.
Dekantieren 20
Demokrit 26
Denkmodelle 25
Destillieren 20 f.
destilliertes Wasser 44
Dextrose 22
Dichte 16 f., 19
Diethylenglykol 5, 44
Diffusion 28
Dosis 22 f.
Drahtnetz 39
Dreifuß 39

E
Eisenhut 4
Emulsion 18 f.
Entfärben einer Lösung 20
Entsorgung 40 f.
E-Nummern 15
Erfrischungsgetränke 6 f.
Erhitzen im Wasserbad 9
Erlenmeyerkolben 39
Erstarren 17
Erze 32
E-Sätze 41
Essigsäure 24, 27, 34

F
Filtrieren 20 f.
Flusswasse 21
Fruchtsäuren 10
Fruchtzucker 8 f.
Fructose 8 f.

G
Gasbrenner 37 ff.
Gaschromatograph 4, 44
Gase 29
Gefahrensymbole 36, 42
Gefahrstoffe 36, 40 ff.
Gemenge 18 f.
Gifte 4 f., 22 f.
Glasabfälle 40
Glucose 8 f., 27
Glucosesirup 22
Glykol 5, 44
Goldwaschen 33
Granit 18
Gummibärchen 34

H
Haushaltszucker 8 f.
heterogene Stoffgemische 18
homogene Stoffgemische 18
Honig 22 f., 44

I
Indikatoren 10 f.
Invertzuckersirup 22

K
Kaffee 20
Kandiszucker 24
Kartuschenbrenner 39
Ketchup 15, 22
Klärwerk 21
Koffein 14, 44
Kohlensäure 12 f.
Kohlenstoffatome 27
Kohlenstoffdioxid 12 f., 17, 27, 44
Kokain 44
Kolabaum 14 f., 45
Kondensieren 17
Konservierungsstoffe 15, 32
Konzentration 18
Kristallformen 24, 45

L
Laborführerschein 38
Lebensmittelchemiker 5
Lebensmitteletiketten 5, 15, 22
Lebensmittelzusatzstoffe 5, 14 f.
Legierungen 45
Leitungswasser 15, 45
Limonade 7
Lösemittelreste 40 f.
Lösen in Wasser 24, 29
Löslichkeit 16 f., 19
Lösungen 18, 20 f., 45

M
Marggraf, Andreas Sigismund 8
Massenanteil 18
Massenkonzentration 18
Meerwasser 18
Meerwasserentsalzung 20
Mengenanteile 18
Messzylinder 39
Mineralien 32
Modelle 25, 28 f.
Muscheln 4

N
Nachweisgrenze 23
Nachweismethoden 9 ff.
Nebel 18, 32

O
Öl 19, 45
Ölbindemittel 33
Ölfarben 33

P
Papierchromatographie 33
Paracelsus 22
Pemberton, John 7
Phosphorsäure 11, 17, 23, 45
physiologische Kochsalzlösung 18
pneumatische Wanne 13
Porzellanschale 39
Protokollieren von Versuchen 37

R
Rastertunnelmikroskop 26
Rauch 18
Reagenzglasgestell 39
Realmodelle 25
Reinheitsgebot für Bier 15
Reinstoffe 16 f., 30
Rotkohllösung 10 f.
R-Sätze 36, 42

S
Saccharose 8 f., 45
Sahne 33
Salatsauce 34
Salinen 21
Salz 21
Salzsäure 45
Sauerstoff 30
Sauerstoffatome 27
Säuren 10 f.
Schaumlöscher 13
Scheidetrichter 19
Schmelzen 16 f.
Schokolade 34
Schwefelsäure 45
Sedimentation 20
Sforza, Bona 4
Sicherheit im Labor 36 ff.
Sieden 16 f.
Soft Drinks 6 f., 22
Spatel 39
Speisesalz 21
Spritzflasche 39
S-Sätze 36, 43
Steckbrief für Stoffe 16 f.
Steinsalz 21
Stoffeigenschaften 16 f.
Stoffgemische 14 ff., 30, 32, 34
Stoffklassen 10
Streusalz 45
Suspension 18, 21
Süßstoff 8, 45

T
Teclubrenner 39
Teilchenbewegung 28
Teilchenmodell 26 ff.
Tiegelzange 39
Traubenzucker 8 f.
Trennverfahren 18 ff., 30, 33
Trinkwasser 21
Trinkwassersprudler 12
Tropfpipette 39

U
Universalindikator 11

V
Verbindung 27
versteckte Zucker 22, 45
Versuchsprotokolle 37
Vitamin C 15
Vorkoster 4

W
Wasser 27 f., 30
Wasserdampf 28 f.
Wasserstoff 30
Wasserstoffatome 27
Wasserwerk 21
Wein 5
Werbung 7, 35

Z
Zentrifugieren 33
Zimt 23
Zucker 8 f., 22
Zuckerkulör 14, 45

Heft 1 der Themenheftreihe „Chemie im Kontext – Sekundarstufe I"

Redaktion
Dr. Ulrich Strunk

Bildrecherche
Susanne Finke

Grafik und Illustration
Johannes Cremer, Karin Mall

Gesamtgestaltung und technische Umsetzung
Rosendahl Grafikdesign

www.cornelsen.de/chemie-im-kontext
Unter dieser Adresse befinden sich multimediale Zusatzangebote.
Die Buchkennung ist: CHIK011136

www.cornelsen.de

1. Auflage, 2. Druck 2009

Alle Drucke dieser Auflage sind inhaltlich unverändert und können im Unterricht nebeneinander verwendet werden.

Druck: CS-Druck CornelsenStürtz, Berlin

ISBN 978-3-06-011136-7

Inhalt gedruckt auf säurefreiem Papier aus nachhaltiger Forstwirtschaft.

Bildnachweis

afri cola: 35 / 4; akg-images: 26 / 1 (Demokrit); Andrew Syred / SPL: 24 / 1; argum: 25 (Modelllandschaft); Blumebild, Celle-Osterloh: 11 / 3; bridgemanart.com: 26 / 1 (Aristoteles); Brio GmbH, Schwabach: 25 (Lok links); Coca-Cola GmbH, Berlin: 7 / 2, 35 / 3; Corel: Titelseite (Brille); 6 (Glas Cola); 9 / 2a; 9 / 3; 10 / 2a – b; 20 / 2, 21 / 5; 34 (Himbeeren); 36 (Brille); Döring, V., Hohen Neuendorf: Titelseite (Becherglas, Brenner, Fläschchen), 1 (Brenner), 5 (Etikett), 8 / 1, 9 / 7, 16 / 1, 22 (Gurken), 24 (Essig), 28 / 1 – 3, 34 / 5, 36 (Schüler), 39 (3 Brenner, Pipette), 40 (Reinigungsmittel); dpa, Frankfurt / Main: 19 / 5; Duales System Deutschland: 19 / 4; equinox-Graphics / SPL: 26 / 8; Getty Images / Marco Cristofori: Titelbild; Honig-Verband e.V., Hamburg: 23 / 2; James Holmes / Thomson Laboratories / SPL: 4 / 4; Jochen Tack / Das Fotoarchiv: 33 / 4; Knopfe, M., Freiberg: Titelseite (Granit), 18 / 2; Lehmkuhl, A., Bempflingen: 33 / 9; Mahler, B., Berlin: 20 / 1, 29 / 4, 34 / 1; Martin Egbert: 8 / 6; Martyn F. Chillmaid / SPL: 12 / 1; Mauritius, Mittenwald: 32 / 7; Nordzucker AG, Braunschweig: Umschlag innen (Rübe), 9 / 2b; Offermann, Arlesheim / Schweiz: Umschlag innen (Mineral), 32 / 2; Okapia / Stamme: 32 / 1; PA-dpa: 5 / 3, 13 / 3; PA-dpa / Pleul: 29 / 6; PA-dpa / Zentralbild: 40 / 1; Philippe Psaila / SPL: 5 / 2; Project Photos: Titelseite (Erdbeere, Hamburger), 1 (Hamburger), 3 (Gummibärchen), 9 / 4, 34 / 2; rmc-Rosenthal Metall Concept, Marienheide: 33 / 6; Schapowalow / Robert Harding: 3 (Vorkoster); Silvestris, Kastl: 21 / 6, 32 / 3; SodaClub GmbH, Limburg: 12 / 4; SPL: 26 / 7, 27 / 10; Stadt Weißensee: 15 (Reinheitsgebot); TH Foto-Werbung / SPL: 1 (Pflanze), 4 / 1, 23 / 3; Ulrich Baumgarten / vario-press: 29 / 5; vario images: 10 / 5; Vita Cola: 35 / 5; Wiechoczek, D., Bielefeld: 33 (Chromatographie); wikipedia / Carport: 3 / (Zimtstern), 23 / 4; wikipedia / Grabenstaedt: 4 / 5; wikipedia / Koehler-190: 15 / 1; wikipedia: 7 (historische Werbung); www.BilderBox.com: 48 / 4.
Alle anderen Fotos: Cornelsen Verlag, Berlin